初心者でも絶対に使えるようになる

Mac&Windows・CC完全対応

Photoshop はじめての教科書

齋藤香織

SB Creative

本書の対応バージョン

Photoshop CC 2019

本書記載の情報は、2018年11月8日現在の最新版である「Photoshop CC 2019」の内容を元にして制作しています。パネルやメニューの項目名・配置位置などは、Photoshopのバージョンによって若干異なる場合があります。

本書に関するお問い合わせ

この度は小社書籍をご購入いただき誠にありがとうございます。小社では本書の内容に関するご質問を受け付けております。本書を読み進めていただきます中でご不明な箇所がございましたらお問い合わせください。なお、お問い合わせに関しましては下記のガイドラインを設けております。恐れ入りますが、ご質問の際は最初に下記ガイドラインをご確認ください。

ご質問の前に

小社Webサイトで「正誤表」をご確認ください。最新の正誤情報をサポートページに掲載しております。

▶ 本書サポートページ

URL https://isbn.sbcr.jp/97260/

上記ページの「正誤情報」のリンクをクリックしてください。なお、正誤情報がない場合、リンクをクリックすることはできません。

ご質問の際の注意点

・ご質問はメール、または郵便など、必ず文書にてお願いいたします。お電話では承っておりません。
・ご質問は本書の記述に関することのみとさせていただいております。従いまして、○○ページの○○行目というように記述箇所をはっきりお書き添えください。記述箇所が明記されていない場合、ご質問を承れないことがございます。
・小社出版物の著作権は著者に帰属いたします。従いまして、ご質問に関する回答も基本的に著者に確認の上回答いたしております。これに伴い返信は数日ないしそれ以上かかる場合がございます。あらかじめご了承ください。

ご質問送付先

ご質問については下記のいずれかの方法をご利用ください。

▶ Webページより

上記のサポートページ内にある「この商品に関する問い合わせはこちら」をクリックすると、メールフォームが開きます。要綱に従って質問内容を記入の上、送信ボタンを押してください。

▶ 郵送

郵送の場合は下記までお願いいたします。

〒106-0032
東京都港区六本木2-4-5
SBクリエイティブ　読者サポート係

■本書内に記載されている会社名、商品名、製品名などは一般に各社の登録商標または商標です。本書中では®、™マークは明記しておりません。
■本書の出版にあたっては正確な記述に努めましたが、本書の内容に基づく運用結果について、著者およびSBクリエイティブ株式会社は一切の責任を負いかねますのでご了承ください。

©2018　本書の内容は著作権法上の保護を受けています。著作権者・出版権者の文書による許諾を得ずに、本書の一部または全部を無断で複写・複製・転載することは禁じられております。

はじめに

この度は『Photoshopはじめての教科書』をお手に取っていただき、ありがとうございます。

Photoshopは、画像や写真の編集に適したツールで、デザインや写真をやっている方にとってはお馴染みのツールと言えます。しかし、はじめて触れる人にとっては、どの機能を使えばどういうことができるのか、自分の思い通りの画像にするにはどうしたらいいのかなど、わからないことだらけだと思います。今では使い慣れた私も、使い始めたころは機能や使い方がまったくわからず、Photoshopと睨めっこをしながら、ツールの使い方を覚えるために、片端からツールを使い続けるという作業をやっていました。もう使いはじめて15年近くになりますが、アップデートや新しいバージョンになる度に便利な機能が追加されるので、非常に奥深く、学びがいのあるツールだと思っています。

この本は、そんなPhotoshopに「はじめて触れる方」向けのものです。「これからPhotoshopを使ってみようと思っている」「導入したばかりで使い方がまったくわからない」という方に、利用していただければと思っています。

全体の構成は「自分がはじめてPhotoshopに触れたときにどうだったか」を思い返しながら作っています。基本的なツールの使い方を中心とし、自分が初心者のころに知っていればもっと楽に作業ができたことや、使っていて困ったことなどを盛り込んでいます。中級者になると、慣れて見落としてしまうようなひとつひとつの作業についても、実際にPhotoshopを使いながら確認して記載しました。そのため、この本に記載されていることが「ちょっとしつこいんじゃない？」と思えるようになれば、ある程度使い慣れたと言えるかもしれません。

この本では、全体を通して学ぶことで、ひとつの画像編集ができるようにしています。最終的には、写真を使ったコラージュのポストカードを作れるレベルを目指しました。

初心者の方には、まずこの本で基本的なツールを学んでください。基本がわかれば、あとは反復しながら自分なりのやり方を確立していくことで、徐々にPhotoshopをマスターできるようになっていきます。

Photoshopのようなツールは、何よりも「慣れ」が大切です。まずは、基本を知り、触れてみること。何度もやって慣れてみること。使っているうちに、今までわからなかったことが、段々鮮明にわかってきます。

この本が、Photoshop初心者の皆さまの「基本」となれれば幸いです。

齋藤香織

Contents

第3章 レイヤーを操作する

第4章 編集範囲を選択する

Contents

第5章 画像の明るさや色を調整する

第6章 画像を修正する

第7章 画像を加工する

第8章 画像を拡大・縮小する

第9章 画像に描き込む

第10章 画像に文字を入れる

Contents

第11章 ポストカードを作ってみよう

Adobe Photoshopのライセンス

PhotoshopなどのAdobe CC（Creative Cloud）製品を使用するためには、ライセンスの購入が必要になります。ライセンスとは、ソフトウェアを使うための「権利」のことを言います。ライセンスを行使するにはいくつかの約束事があり、それを守ることでPhotoshopを利用できます。

基本的にライセンスを行使する際には、

- **利用規約への同意**
- **利用料金を支払う**

上記2点をクリアしなければなりません。

2点をクリアして、パソコンにPhotoshopをインストールし、ライセンス認証を行うことでPhotoshopが利用できます。

ライセンスを購入すると、2台のパソコンにまでPhotoshopをインストールして利用することができます。3台目にインストールして利用する場合は、既に使用しているパソコンのうちのどちらかの認証を解除（サインアウト）する必要があります。

ライセンスの購入は、アドビシステムズの公式サイトなどから行えます。利用できるソフトウェアやサービスによって料金は異なります。自分の目的にあったプランを選択しましょう。

ライセンスの購入サイト

https://www.adobe.com/jp/creativecloud/plans.html

まずは体験版を導入してみよう

Photoshopを利用するためには、基本的には月々の利用料金としてライセンスを購入する必要がありますが、体験版では一定の期間のみ、利用料金を支払わずにPhotoshopを利用することができます。まずは体験版を導入し、使い方の感触をつかんでから、実際にライセンスを購入するかを決めるのも良いでしょう。

体験版はアドビシステムズの公式サイトからダウンロードできます。以下の手順に従って、体験版をインストールしてみましょう。

1

体験版のダウンロードには、Adobe IDが必要になります。IDは、アドビシステムズの公式サイトのページ右上の【ログイン】をクリックして進んだ先から取得することができます。

アドビシステムズ

https://www.adobe.com/jp/

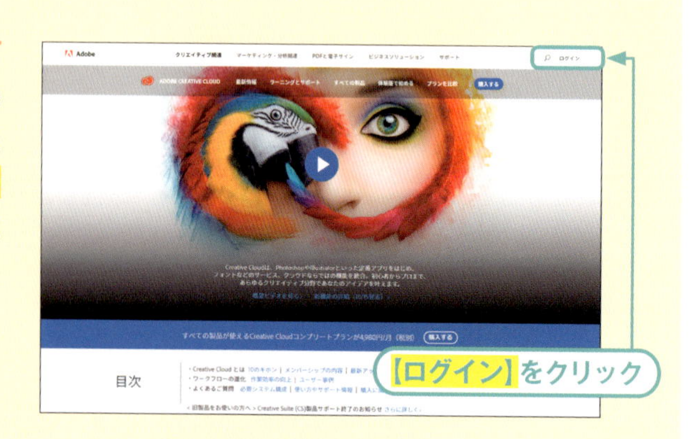

2

アドビシステムズの公式サイトから【サポート】をクリックし、プルダウンメニューから【ダウンロードとインストール】を選択します。

3

【Photoshop】をクリックします。

4

【体験版をダウンロード】をクリックすると、インストールファイルのダウンロード開始されます。

5

ダウンロードしたファイルを実行します。

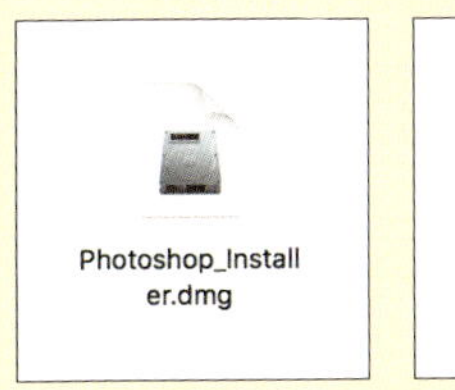

Mac

Windows

6

インストールが開始されます。最初に【ログイン】をクリックして、取得しておいた Adobe IDでログインを行います。あとは画面の内容に従って質問に回答しながら進めていきましょう。

【ログイン】をクリック

7

インストールが完了すると、Photoshopが起動して体験版が利用可能になります。

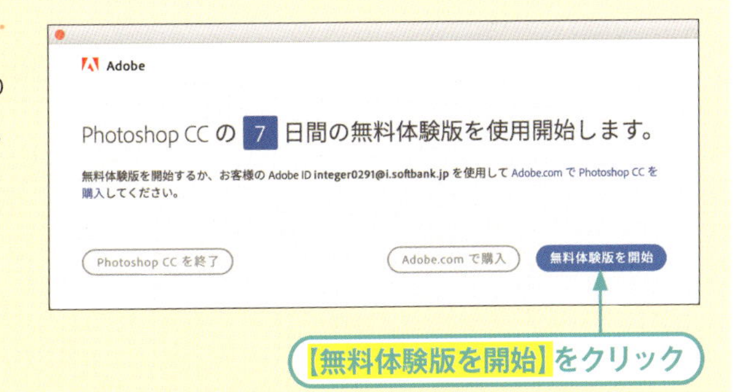

【無料体験版を開始】をクリック

● サンプルファイルのダウンロード ●

本書内で学習に使用する写真や作成したドキュメントデータは、本書のサポートページからダウンロードすることができます。

ダウンロードページ

https://www.sbcr.jp/support/14880.html

画面中央下の【『Photoshopはじめての教科書』サンプルファイル】のリンクをクリックすると、ダウンロードが行われます。サポートファイルは「zip」形式で圧縮されております。ダウンロード後に展開し、任意のフォルダーに保存してご利用ください。

「Photo」フォルダーには、学習用の写真データが収録されています。「Sample」フォルダーには、作成したドキュメントが収録されています。

なお、本書記載の情報は、2018年11月現在の最新版である「Photoshop CC 2019」を元にして作成しております。ツールパネルやメニューバーなどの項目は、Photoshopのバージョンによって異なる場合があります。

第1章

Adobe Photoshopとは?

Adobe Photoshopとは、アドビシステムズが開発しているグラフィック作成・編集ツールです。写真の加工ができる他、イラストを描いたり、チラシをデザインしたり、さまざまな用途に使われています。本章では、Adobe Photoshopの基本的な使い方や、ツールの説明をしていきます。なお、使用するバージョンは「Adobe Photoshop CC」です。

1-1

Photoshopの基本的な作業手順

作業の進め方

Photoshopの基本的な作業手順は、次の⑤ステップで表すことができます。

①Photoshopを開く
②ドキュメントを作る
③画像を修正・加工する
④文字を入れたり、部品を配置したりする
⑤保存する

ステップ①：Photoshopを開く

メニューやアイコンからPhotoshopを起動します。

ステップ②：ドキュメントを作る

ドキュメントとは、作成するデータのことです。新規に作成することはもちろん、保存しておいたドキュメントを開いて途中から編集作業を行うことも可能です。これに関しては、第2章「ドキュメントを作成・保存する」(27ページ)で詳しく解説していきます。

ステップ③：画像を修正・加工する

ステップ③では、写真などの画像の修正や加工を行います。明るさや色味の調整はもちろん、シミを消したり、赤目を修正したりすることもできます。これに関しては、第5章「画像の明るさや色を調整する」(71ページ)や第6章「画像を修正する」(83ページ)、第7章「画像を加工する」(95ページ)などで詳しく解説していきます。

ステップ④：文字を入れたり、部品を配置したりする

ステップ④では、画像の上に文字を入れたり、加工した素材(画像)を重ねて配置したりします。これに関しては、第9章「画像に描き込む」(127ページ)、第10章「画像に文字を入れる」(145ページ)などで解説していきます。

ステップ⑤：保存する

ステップ⑤では、ドキュメント(作成したデータ)を保存します。保存したドキュメントは開いて再編集が可能です。これに関しては、第2章「ドキュメントを作成・保存する」(27ページ)で解説していきます。

Photoshopで何が作れるのか？

Photoshopは、主に写真の加工を目的に作られているソフトウェアです。そのため、撮影した写真を読み込んで、画像を整えたり、写真を使ったコラージュ作品を作ったりするのに向いています。Photoshopでは、以下のようなことも可能です。

- 写り込んでしまった不要なものを消す
- 背景をぼかす
- 写真の色を変える
- 肌をきれいにする
- 人物だけを切り抜く

これ以外にも、さまざまなことができます。

複雑な加工を手軽にできるため、Photoshopで画像の加工を行い、それを他のソフトウェアに取り込んでチラシを作るということも可能です。また、画像ではありませんが、動画の編集を行うこともできます。

作業のやり直し方

Photoshopでは、加工したドキュメントを加工前の状態に戻すことができます。

作業を前に戻したい場合は、メニューバーから【編集】→【最後の状態を切り替え】①を選択します。選択することで、作業を1段階戻すことができます。また、直前の作業を取り消す場合は【編集】→【○○の取り消し】を選択します（「○○」は作業内容によって変わります）。

「ヒストリー」機能を使ってやり直すこともできます。ヒストリーには、今までの作業内容が記録されています。一覧から戻りたい作業の場所を選択すると、その段階に戻れます。ヒストリーは、メニューバーから【ウィンドウ】→【ヒストリー】を選択すると表示されます。

さらに、作業を最初からやり直したい場合には、メニューバーから【ファイル】→【復帰】を選択することで、作業を開始する前（ドキュメントを開いただけの状態）の状態に戻せます。

基本的に保存してドキュメントを閉じないかぎり、いくらでもやり直しができるので、最初のうちは「いろいろ試して元に戻す」を繰り返しながら、挑戦していきましょう。

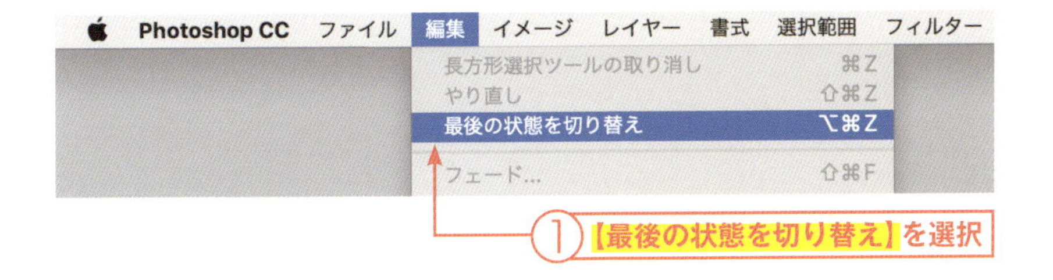

▸1-2

Photoshopの画面と各部の名称

名称と役割

ここでは、Photoshopの画面と各部分の名称をご紹介します。この後の作業をスムーズに進められるように、各部分の名称と役割を把握しておきましょう。

メニューバー

Photoshopのメニューです①。ドキュメントを開く、保存する、パネルを開く、レイヤーを作成するなどのさまざまな操作が行えます。操作のいくつかには対応するショートカットキーが用意されていますが、慣れないうちはメニューバーから選択して使うのが良いでしょう。

 Photoshop CC　ファイル　編集　イメージ　レイヤー　書式　選択範囲　フィルター　3D　表示　ウィンドウ　ヘルプ

ツールパネル

Photoshopで使うツールがまとめられたパネルです②。画像の選択、切り抜き、色塗りなどを行う際に、ここから対応するツールを選択して利用します。Photoshopを使う際の中心的なパネルです。ツールパネルの詳細は、「よく使うツールの名前と役割」（22ページ）で解説します。

ドキュメントウィンドウ

実際に画像を配置し、調整する画面です③。

ドキュメントの作り方や設定については、第2章の「ドキュメントを作成・保存する」（27ページ）で詳しく説明します。

パネル

「カラー」や「レイヤー」など、画像を調整したり書き込みをしたりするために使用するパネルが表示されています④。

パネルは目的ごとにさまざまなものが用意されています。パネルはメニューバーの【ウィンドウ】で表示・非表示にするものを自分で決められます。表示する位置も自由に決めることができます。使用頻度の高いものを常に表示しておくと良いでしょう。代表的なパネルについては、「よく使うパネルの名前と役割」（26ページ）で解説します。以下の図は「レイヤー」パネルです。

ドック

パネルをアイコン上にして保管しておくことができます⑤。常に表示しておきたいけれど、大きくて邪魔なパネルを収納しておくのに適しています。

1-3

作業を始める前に覚えておきたい用語

用語

Photoshopに触れる前に、作業を行う際によく使う基本的な用語を覚えておきましょう。これらの用語は、これからこの本の中にも出てくる他、Photoshop以外で画像を扱う際にも使用される場合があります。事前に知っておくことで、内容が頭の中に入ってきやすくなるでしょう。

線の種類を変えられる「ブラシ」

ブラシは主に線を引くためのツールです。線の種類や太さを自由に変更できます。通常は四角の線ですが、丸い線や楕円、筆やクレヨンで描いたような線を引くこともできます。

イメージは透明なフィルム「レイヤー」

レイヤーとは、透明なフィルムのようなもので、1枚ずつ重ねていって画像を作成していきます。複数のフィルムが重なってひとつの絵になっているのをイメージするとわかりやすいかと思います。

通常のレイヤーの他にも、「背景」などの特殊なレイヤーもあります。「背景」の場合、移動や回転といった一部の編集機能が使用できません。編集を行うには、「背景」を通常のレイヤーに変換する必要があります。

不要な部分を隠しておく「マスク」

マスクとは、画像の不要な部分を覆ってしまう機能のことを言います。マスクを使うことで、画像を保持した状態で、必要な部分だけ色を変えたり、切り抜いたりすることができます。

ドットで作る「ラスタ画像」

ラスタ画像とは、ドットが並んでできている画像です。Photoshopで作成するのはラスタ画像です。ちなみにどんなに拡大してもドットが見えない画像を「ベクタ画像」と言い、こちらはIllustratorで扱うことが多いです。

図形やラインを描く「シェイプ」

シェイプは図形や線を描く機能です。シェイプを使って、四角や丸などの図形を簡単に描くことができます。図形の作成については、第9章「画像に描き込む」(127ページ)で解説しています。

データの大きさを決定する「解像度」

写真などの画像は、細かいドットが並んでできています。解像度とは、このドットが1インチの中にどのくらいあるのかを示すものです。解像度は「dpi」という単位で表わされます。

解像度が高いほどドットが細かくなるため、画像がキレイに見えます。また、解像度が高いほどデータサイズも大きくなります。印刷では350dpi以上の解像度を求められることが多いです。

図形や写真を透明にする「不透明度」

不透明度とは、透明ではないパーセンテージのことです。つまり、パーセンテージを下げれば下げるほど、透明になっていきます。100%だと完全に不透明で、0%で完全に透明になります。

効果を付けられる「フィルター」

フィルターは、画像や文字や図形などに効果を付けるときに使います。フィルターを使うと、文字に影を付けたり、ぼかしたりできます。

ファイルの種類を示す「拡張子」

拡張子とは、ファイルの種類を示すもので、ファイル名の末尾にアルファベットで付けられます。ソフトごとに利用可能な拡張子が決められています。拡張子によっては、Photoshop以外では利用できないものもあります。Photoshopで利用が可能な拡張子には、主に次のものがあります。

psd	Photoshop独自の拡張子です。Photoshop以外のソフトでは利用できません。
eps	EPS画像を示す拡張子です。PhotoshopとIllustratorで開けます。
pdf	Adobe AcrobatやAcrobat Reader、ChromeなどのWebブラウザで開ける拡張子です。Photoshopでも開けます。
jpg	JPEG画像を示す拡張子で、基本的にどんなソフトでも開けます。
png	PNG画像を示す拡張子で、「jpg」と同じくほとんどのソフトで開けます。「jpg」と違い、透明部分の保存ができます。

印刷時の色が決まる「CMYK」「RGB」「HSB」

「CMYK」「RGB」「HSB」は、カラーモードのことです。

CMYKはシアン・マゼンタ・イエロー・黒、RGBは赤・緑・青、HSBは色相・彩度・明度で色を構成しているため、印刷時の色味が少し違います（CMYKの「K」は正確にはキープレートを意味します）。

作ったパーツを保存してどのデータでも使えるようにする「ライブラリ」

作成したイラストなどをライブラリとして保管しておくと、他のデータでもそのイラストが使えるようになります。

1-4

よく使うパネルは表示しておく

パネル

Photoshopでは、パネルの表示・非表示を自分で調整できます。また、パネルは自由に位置を変更できるため、自分の使いやすい配置にしておいたり、ドックに入れておいて必要なときだけパネルを表示することも可能です。使用頻度によって、表示するパネルを決めると良いでしょう。

1 パネルを選択

メニューバーから【ウィンドウ】を選択し、表示したいパネルを選びます。ここでは【スタイル】①を選択しています。

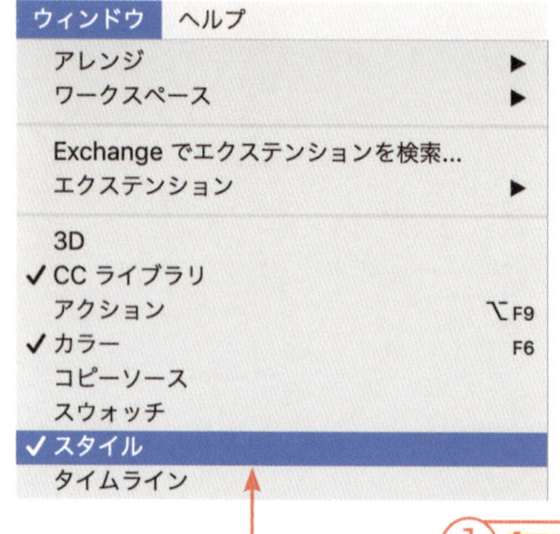

①【スタイル】を選択

2 位置を調整

選択したパネルが表示されます。パネルの上にカーソルを置いてドラッグすると②、任意の位置に移動することができます。

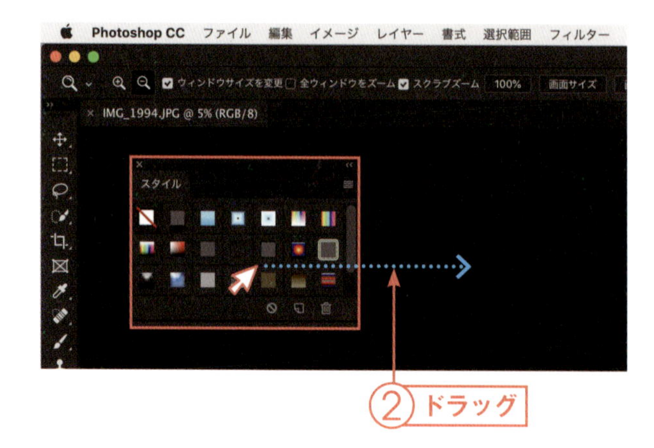

②ドラッグ

Point パネルを非表示にする

表示したパネルを非表示にするには、メニューで非表示にするパネルを選択してチェックを外すか、パネル上部にある ☒ ボタンをクリックします。

■ パネルをドックに収納する

パネルが大きくて邪魔な場合、パネルをドックに収納しておくと、必要なときだけ表示できます。収納するには、ドックの上にパネルをドラッグします①。

ドックに収納されたパネルはアイコン状になるので、使用したいときにクリックしてパネルを開きます②。開いたパネルは、右上にある »③をクリックすることで再度収納できます。

ドッグ上のアイコンをドラッグすれば、収納を解除して外に出すことができます。

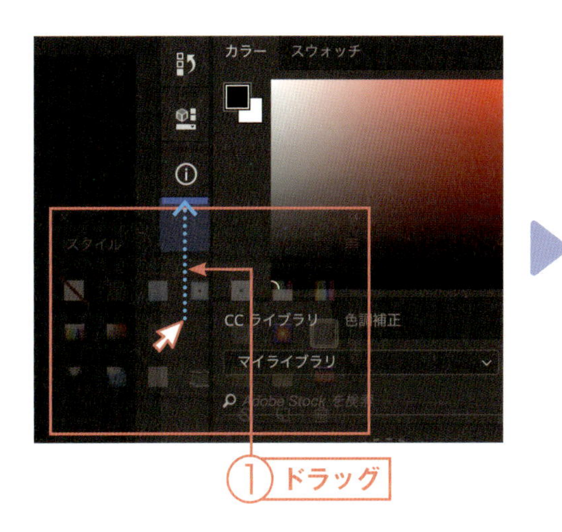

■ パネルをタブで切り替える

【ウィンドウ】メニューでパネルを選択すると、関連する機能のパネルが複数まとまって表示されることがあります。その場合は、パネル名が表示されたタブ①をクリックすることで、パネルを切り替えることができます。

また、タブの部分にドラッグすることで、他のパネルをまとめて表示させることもできます。タブをドラッグすれば、まとまりから外すこともできます。

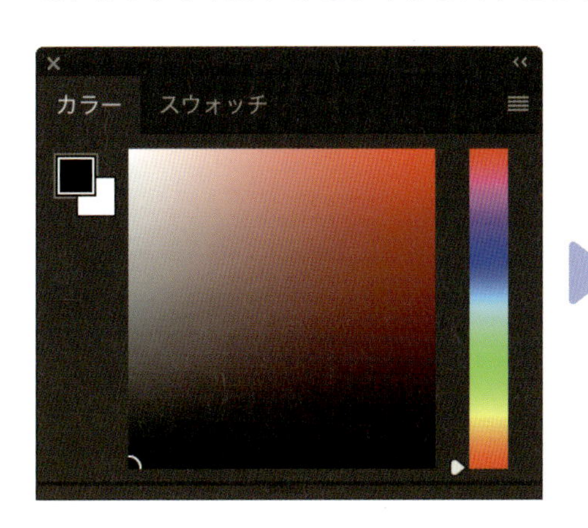

1-5

よく使うツールの名前と役割

ツールパネル

「ツールパネル」には、画像の編集作業に使用するツールがひとつにまとまっています。ここでは、その中から使用頻度の高いものをピックアップして、それぞれの機能を簡単にご紹介します。

ツールパネルのアイコンは、類似した機能のツールがグループ化されていて、グループ内で選択されたものがパネル上に表示されるようになっています。アイコンを右クリックもしくは長押しすることで、グループを表示することができます。

▶移動ツール①

画像や文字などを移動させます。

▶長方形選択ツール②

四角形で編集範囲を選択します。

▶楕円形選択ツール③

楕円形で編集範囲を選択します。

▶なげなわツール④

自由な形で編集範囲を選択します。

▶多角形選択ツール⑤

多角形で編集範囲を選択します。

▶マグネット選択ツール⑥

色やコントラストを元に、編集範囲を自動的に選択します。

▶クイック選択ツール⑦

画像や図形の境界線を自動で感知して、編集範囲を選択します。

▶自動選択ツール⑧

近似色を自動で感知して、編集範囲を選択します。

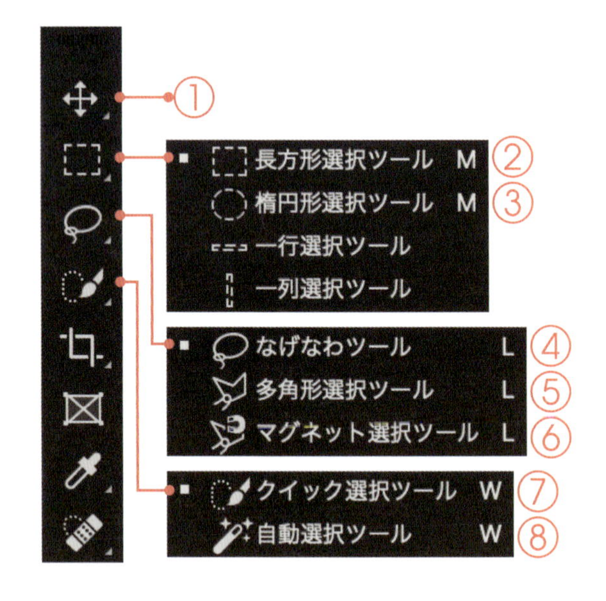

ツールパネル上のアイコンにカーソルを合わせると、ツールの概要が表示されます。

▶**切り抜きツール⑨**
画像を四角に切り抜いてトリミングします。

▶**スライスツール⑩**
画像を複数に分割できます。

▶**フレームツール⑪**
画像を挿入するフレームを作成します。

▶**スポイトツール⑫**
クリックした部分の色を検出して、塗りつぶしなどの色を設定できます。

▶**ものさしツール⑬**
長さや角度を測ります。

▶**スポット修復ブラシツール⑭**
しみや汚れなどを除去できます。

▶**修復ブラシツール⑮**
しみや汚れを覆い隠します。

▶**赤目修正ツール⑯**
人物写真の赤目を修正します。

▶**ブラシツール⑰**
選択したブラシの形状で、画像に自由に書き込みができます。

▶**鉛筆ツール⑱**
はっきりした線で、画像に自由に書き込みができます。

▶**コピースタンプツール⑲**
選択した場所をコピーして、別の場所にハンコのようにペイントします。

▶**パターンスタンプツール⑳**
用意したパターンを使って、ハンコのようにペイントします。

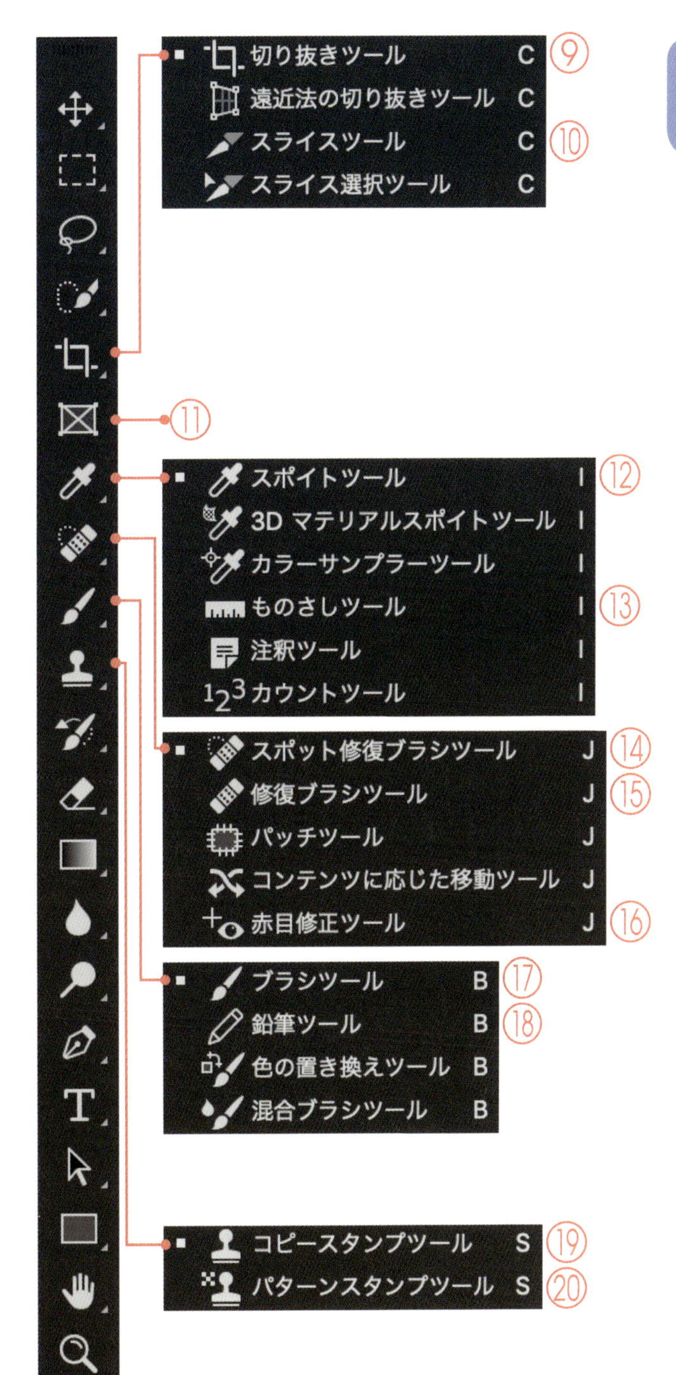

▶ **ヒストリーブラシツール㉑**
画像の一部のみを、以前の状態に戻します。

▶ **アートヒストリーブラシツール㉒**
ヒストリーブラシツールに指定した効果を付けます。

▶ **消しゴムツール㉓**
ドラッグした場所を消去します。

▶ **背景消しゴムツール㉔**
最初にドラッグした場所の近似色のみに消しゴムを適用します。

▶ **マジック消しゴムツール㉕**
クリックした部分の近似色を一気に消去します。

▶ **グラデーションツール㉖**
範囲や方向を指定して、グラデーションで塗りつぶします。

▶ **塗りつぶしツール㉗**
選択した場所を指定した色で塗りつぶします。

▶ **ぼかしツール㉘**
ドラッグした場所をぼかします。

▶ **シャープツール㉙**
ドラッグした場所をシャープにします。

▶ **指先ツール㉚**
画像を指先で拭ったようにぼかします。

▶ **覆い焼きツール㉛**
ドラッグした部分を明るくします。

▶ **焼き込みツール㉜**
ドラッグした部分を暗くします。

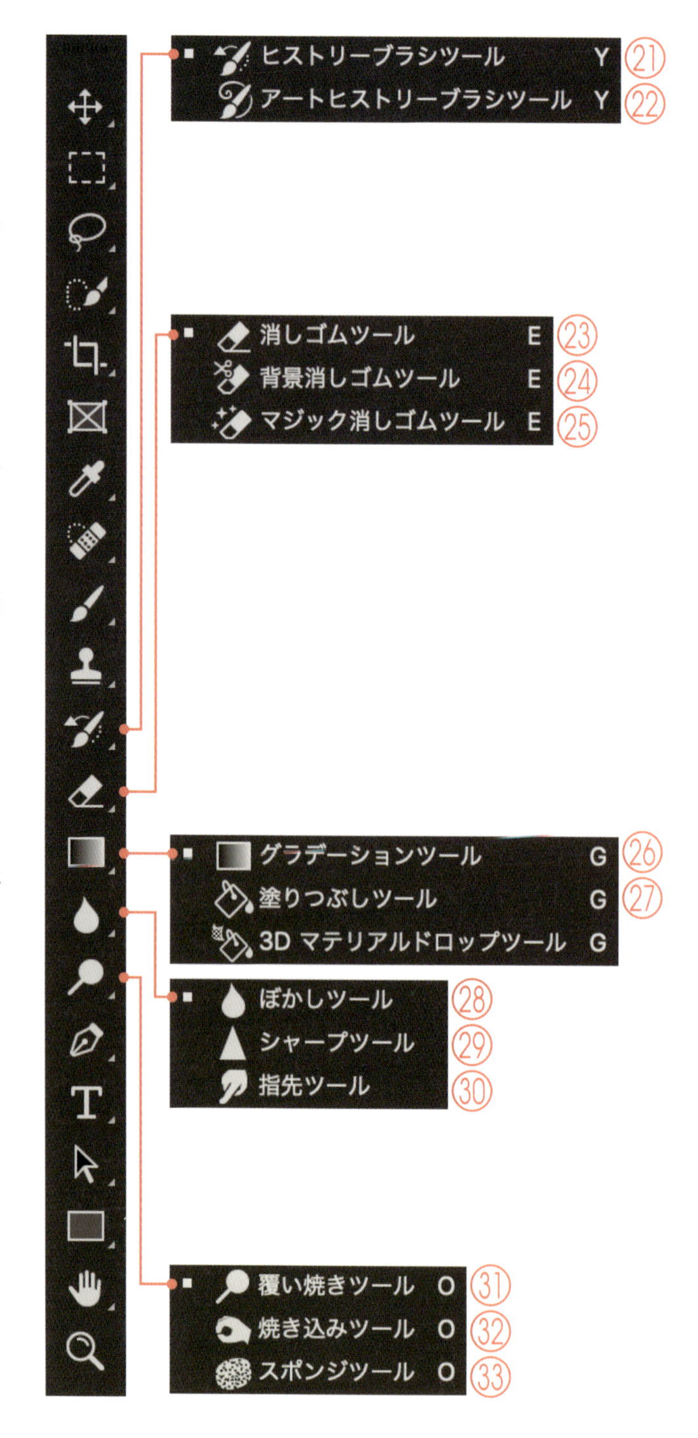

▶**スポンジツール㉝**

ドラッグした部分の彩度を変化させます。

▶**ペンツール㉞**

ベクタ画像の直線が引けます。

▶**曲線ペンツール㉟**

ベクタ画像の曲線が引けます。

▶**横書き文字ツール㊱**

横書きで文字を入力します。

▶**縦書き文字ツール㊲**

縦書きで文字を入力します。

▶**パス選択ツール㊳**

パスを選択します。

▶**長方形ツール㊴**

シェイプで四角の図形を描きます。

▶**楕円形ツール㊵**

シェイプで円を描きます。

▶**手のひらツール㊶**

ドキュメントウィンドウ上に表示される画像の位置を移動させます。

▶**ズームツール㊷**

画像を拡大・縮小表示します。

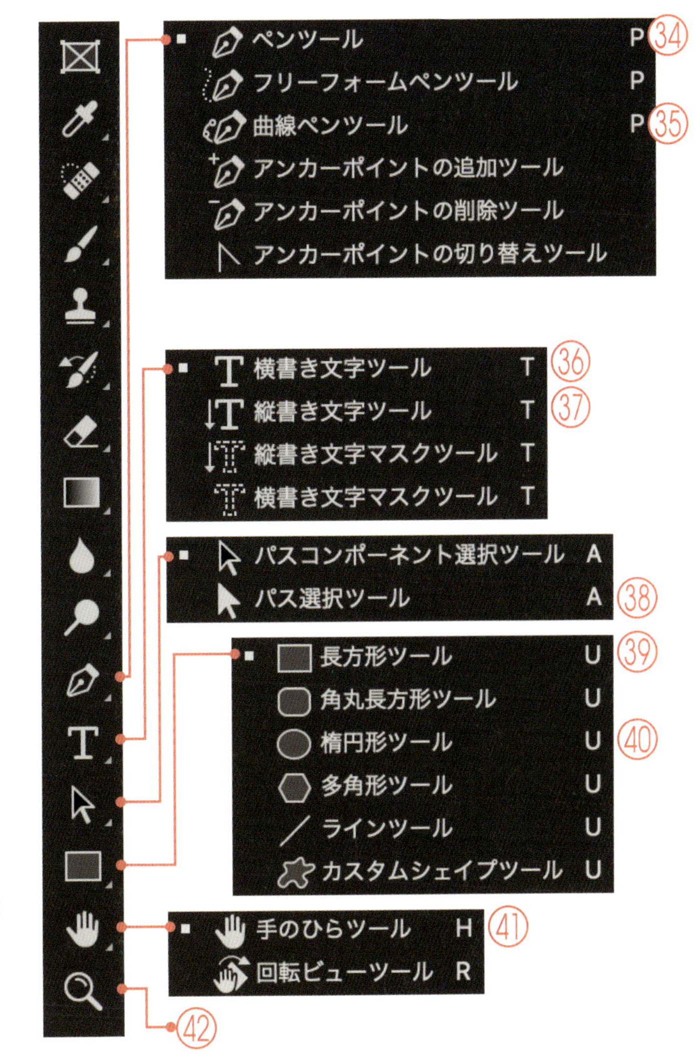

Point ツールパネルの基本的な使い方とオプションバー

ツールパネルのアイコンをクリックすることで、アイコンに対応したツールが使用できるようになります。例えば「ブラシツール」で写真にハートを描きたい場合には、まずブラシツールのアイコンをクリックしてから、ドキュメントウィンドウ上でマウスをドラッグして描き込んでいきます。

また、ツールを選択するとメニューバーの下に「オプションバー」が表示されます。オプションバーには、選択したツールの設定の詳細が表示されています。ここで、ツールの設定を指定することができます。例えば、ブラシの太さや形などを変えたい場合には、ここで指定することができます。

モード：通常 不透明度：100% 流量：100% 滑らかさ：10%

「ブラシツール」のオプションバー

■ よく使うパネルの名前と役割

メニューバーの【ウィンドウ】からは、自分の使いたいパネルを自由に表示・非表示にできます。ここには、以下のパネルが用意されています。

- 3D
- CCライブラリ
- アクション
- カラー
- コピーソース
- スウォッチ
- スタイル
- タイムライン
- チャンネル
- ツールプリセット
- ナビゲーター
- パス
- ヒストグラム
- ヒストリー
- ブラシ
- ブラシ設定
- ラーニング
- ライブラリ
- レイヤー
- レイヤーカンプ
- 計測ログ
- 字形
- 修飾キー（Windowsのみ）
- 情報
- 色調補正
- 属性
- 段落
- 段落スタイル
- 注釈
- 文字
- 文字スタイル

なかでもよく使うパネルは、以下の5つです。

▶ **色調補正①**

画像の色や明るさを設定します。

▶ **属性②**

シェイプや文字の属性を設定します。細かい調整が可能です。

▶ **ブラシ③**

ブラシの形状や太さを指定できます。

▶ **カラー④**

色を指定します。CMYKやRGBなど、さまざまなカラータイプで指定が行えます。

▶ **レイヤー⑤**

ドキュメント内にあるレイヤーが表示されます。編集するレイヤーを選択したり、重ね順を設定することができます。

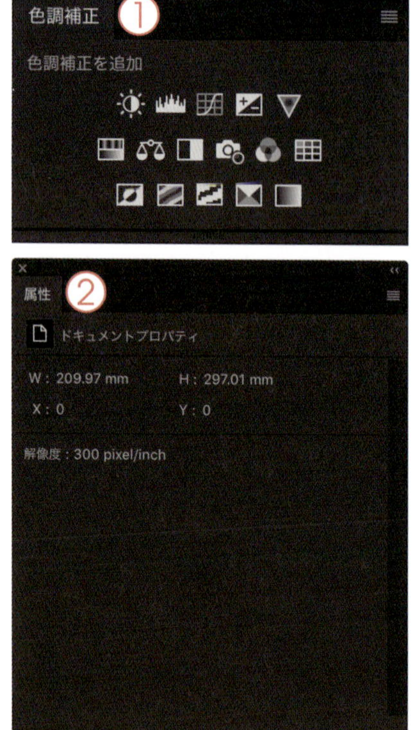

第2章

ドキュメントを作成・保存する

Photoshopで画像の編集を始めるには、まずドキュメントを作成する必要があります。ドキュメントはデータの大元になるもので、Photoshopで画像を編集する際には、ドキュメントを新規に作成するか、既にあるドキュメントを開くかのどちらかを選択します。ここからはドキュメント作成と保存の仕方をご紹介します。

2-1

目的に合わせてドキュメントを作成する

ドキュメントの作成

ドキュメントは、既定のサイズで作る方法と、オリジナルのサイズで作る方法があります。印刷物はA4やB5など既にサイズが決まっている場合が多いため、既定のサイズから作ると良いでしょう。既定のサイズではない場合には、自分でサイズを指定して作ります。

既定のサイズで作成する

印刷物のサイズに合わせてドキュメントを作成することができます。「A4」「B5」などの用紙に合わせたサイズはもとより、「ハガキ」「レター」といったサイズも用意されています。

1 【新規】を選択

Photoshopを開き、メニューバーから【ファイル】→【新規】①を選択します。

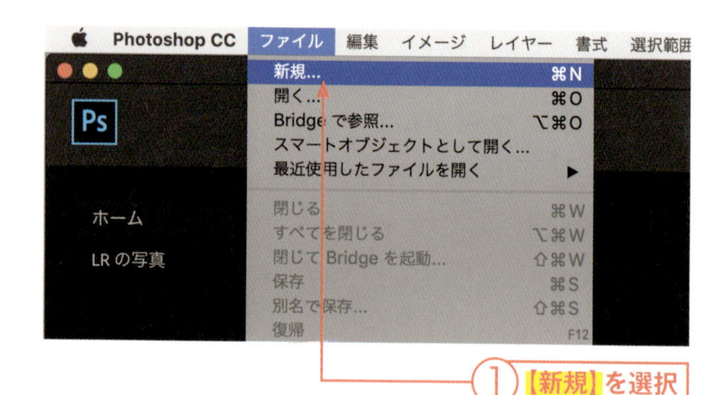

2 大きさを指定

「新規ドキュメント」ダイアログから、既定のサイズを選びます。今回は【印刷】タブ②から「A4」③を選択し、【作成】④をクリックします。

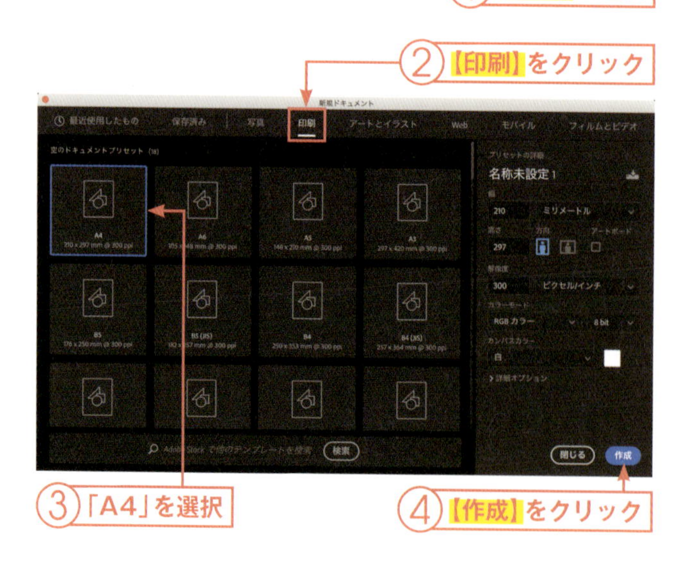

3 完成

既定サイズ(A4)のドキュメントが作成されます。

画像が表示される部分(右の図では白い部分)を「カンバス」と呼びます。カンバスのサイズは後から変更することもできます。

オリジナルのサイズで作成する

「幅」「高さ」「解像度」を自由に設定してドキュメントを作成することができます。ドキュメントのサイズは「ピクセル」「インチ」「センチ」など、単位を選ぶこともできます。

1 【新規】を選択

Photoshopを開き、メニューバーから【ファイル】→【新規】①を選択します。

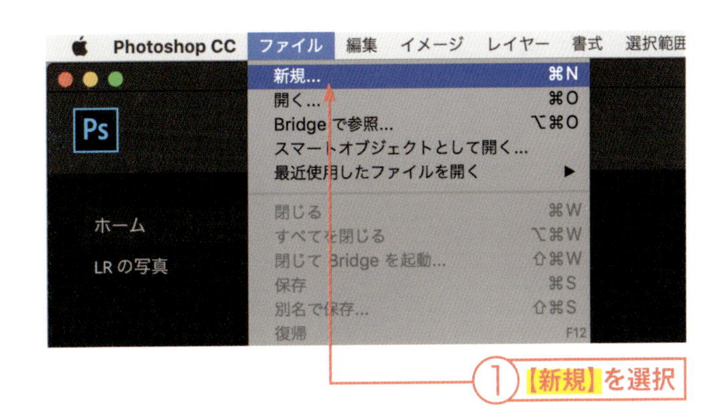

2 大きさを指定

「新規ドキュメント」ダイアログの【プリセットの詳細】②に「幅」「高さ」「解像度」を入力し、【作成】③をクリックします。

ドキュメントは、Photoshop独自の「psd」形式で作成されます。

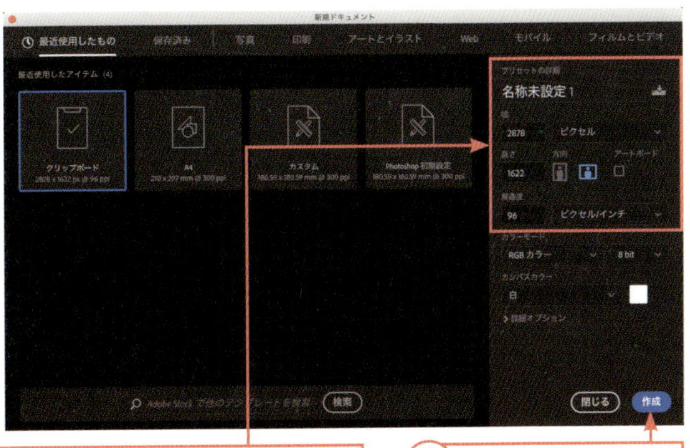

2-2

Photo_chapter2.jpg

画像を読み込んでドキュメントを作成する

画像を開く

Photoshopでは、新規にドキュメントを作る以外にも、写真などの画像を読み込んで開くことで、画像のサイズに合わせたドキュメントを作成することができます。使いたい写真やデータが既にある場合には、こちらの方法でドキュメントを作ります。

読み込む画像は何でも構いませんが、ここでは本書の練習用のデータを使用しましょう。練習用のデータは、本書のサポートページからダウンロード可能です。

本書のサポートページ

https: //www.sbcr.jp/support/14880.html

1 【開く】を選択

Photoshopを開き、メニューバーから【ファイル】→【開く】①を選択します。

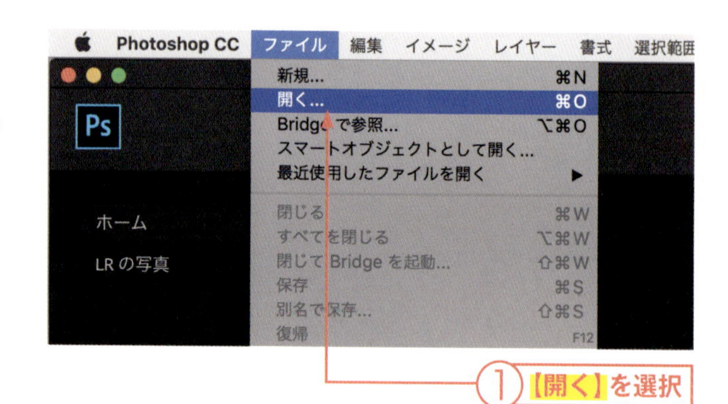

2 画像を選ぶ

あらかじめ用意しておいた画像②を選び、【開く】③をクリックします。

Photo_chapter2.jpg

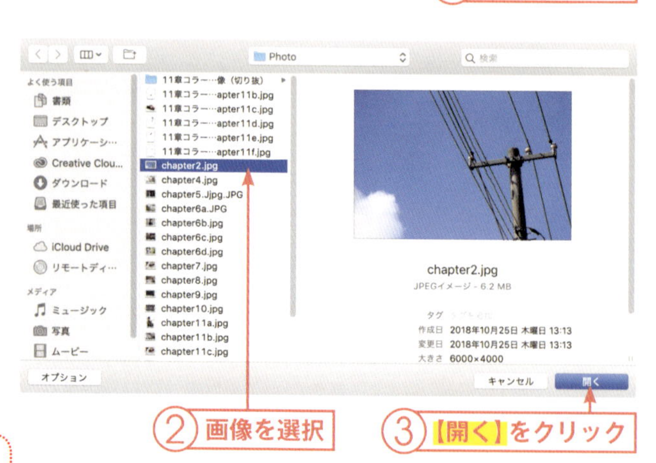

読み込んだ画像形式に応じた拡張子でドキュメントが作成されます。

3 完成

画像のサイズに合わせてドキュメントが作成されて、画像が表示されます。

作成したドキュメントの「高さ」「幅」「解像度」は、メニューバーから【イメージ】→【画像解像度】を選択して表示される「画像解像度」ダイアログで確認することができます。

Point jpg以外にもpdf、epsなどの読み込みが可能

一般的な画像の拡張子には、「jpg」や「png」などがあります。Photoshopでは、「jpg」や「png」などの拡張子の画像はもちろん、「pdf」や「eps」などのデータを開くこともできます。一般的に使われる画像は、ほとんど開いて編集することが可能となっています。

クリップボードからドキュメントを作成する

画像をコピーしたり画面をキャプチャしたりすると、「クリップボード」というところにコピーやキャプチャした画像がいったん保存されます。

その状態でメニューバーから【ファイル】→【新規】①を選択し、【最近使用したもの】タブで「クリップボード」②を選択すると、コピーやキャプチャした画像の大きさに合わせて新規ドキュメントとして作成することができます。

なお、クリップボードからドキュメントを作成した場合、画像そのものは開かれずに白紙の状態になっています。メニューバーから【編集】→【ペースト】を選択して、カンバスに画像を貼り付けて編集を行ってください。

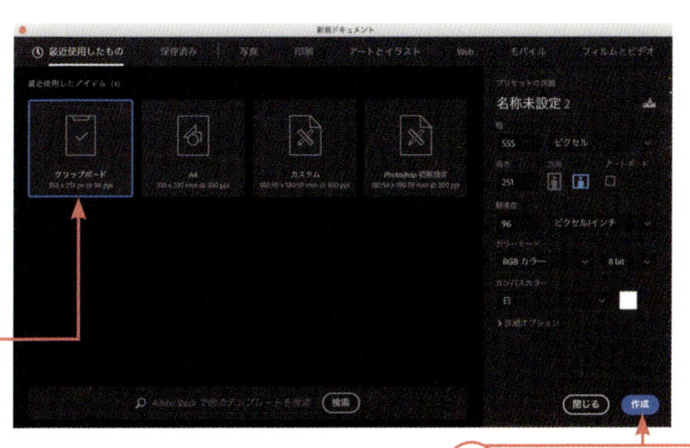

2-3

できあがったドキュメントを保存する

ドキュメントの保存

できあがったドキュメントや再び編集したいドキュメントなどは、パソコンやハードディスクに保存しておきましょう。保存しておくことで、再度ドキュメントを開いて編集することができます。なお、作業途中でドキュメントを保存すると、やり直しなどで元に戻せなくなる場合もあるので注意が必要です。

【保存を選択】

メニューバーから【ファイル】→【保存】①を選択します。

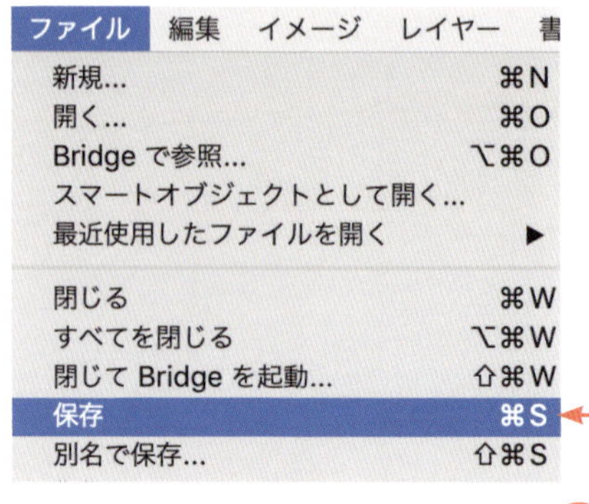

2 ファイル名を指定

ファイル名②と保存先③、形式④を指定して、【保存】⑤をクリックします。【フォーマット】(Windowsでは【ファイルの種類】)を「Photoshop」にすると、「psd」形式で保存されます。

「Photoshop形式オプション」ダイアログが表示されたら、【OK】をクリックします。

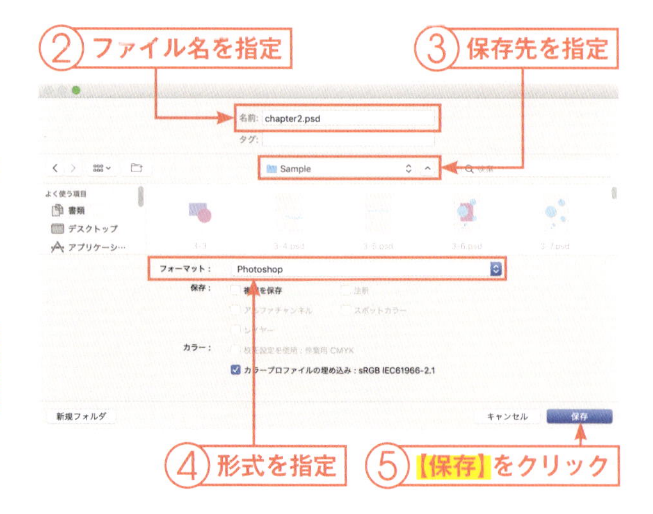

3 完成

ドキュメントが保存されます。

既に名前の付いているドキュメントを開いて編集していた場合は、ファイル名の設定などが表示されずに上書き保存される場合があります。

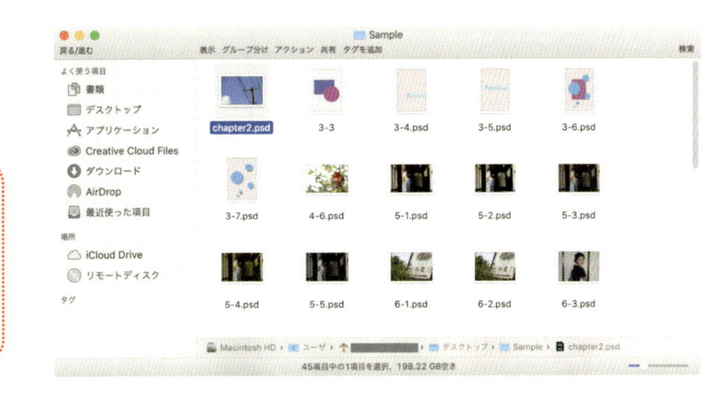

Point 2回目からの保存に注意！

一度保存したドキュメントで再度【保存】を選ぶと、ドキュメントが上書きされます。上書きしないで保存をしたい場合には、メニューバーから【ファイル】→【別名で保存】①を選び、別の名前で保存するようにしましょう。また、「psd」以外の形式で保存する場合や、「jpg」などの画像を読み込んで作成したドキュメントを「psd」形式で保存する場合も【別名で保存】を選択します。

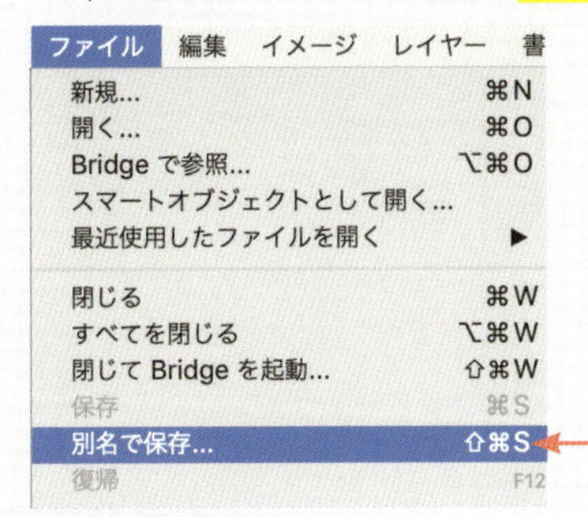

① 【別名で保存】を選択

Point 「psd」以外でも保存が可能

【フォーマット】（Windowsでは【ファイルの種類】）で、ドキュメントの形式を選択することができます。Photoshop独自の形式である「psd」以外にも、さまざまな形式を選択することができます。詳しくは37ページを参照してください。

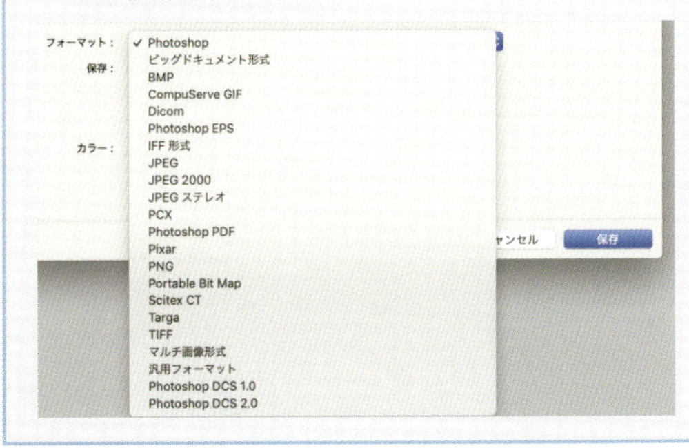

2-4

画像としてドキュメントを保存する

別名で保存

Photoshopの保存形式は、基本的には「psd」ですが、それ以外の拡張子でも保存が可能です。「jpg」「png」などの形式を指定することで、画像としてドキュメントを保存することもできます。「psd」形式のファイルが開けない相手に渡す場合や、インターネットに編集した画像をアップしたいときなどに使いましょう。

1 【別名で保存】を選択

メニューバーから【ファイル】→【別名で保存】①を選択します。

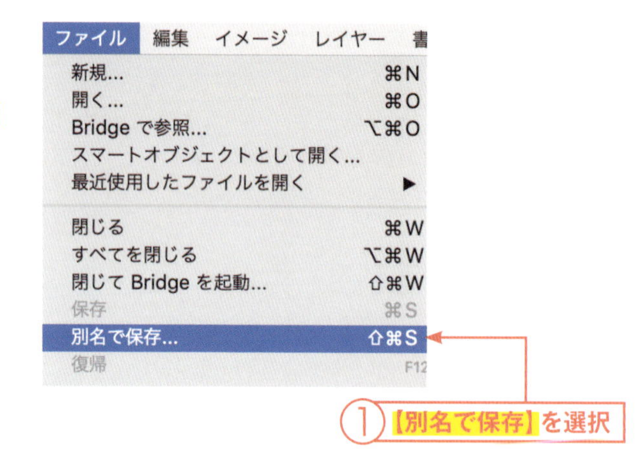

2 形式を指定

ファイル名②と保存先③を指定し、【フォーマット】(Windowsでは【ファイルの種類】)④のリストから形式を選択して、【保存】⑤をクリックします。ここでは「JPEG」を指定しています。

「JPEGオプション」ダイアログが表示されたら、【OK】をクリックします。選択する形式によって表示されるダイアログは異なります。

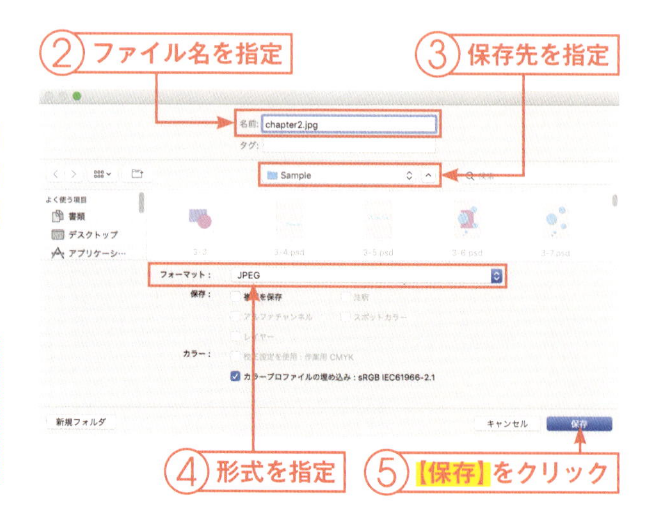

3 完成

ドキュメントが画像形式で保存されます。

「jpg」や「png」などの画像を「psd」形式で保存する場合も**【別名で保存】**を選択します。

Point 画像オプション

「jpg」「png」などの画像形式で保存すると、画像オプションが表示されます。ここで画質を大きく（低圧縮）したり「大きなファイルサイズ」を選んだりすると、画像がキレイに保存されます。ただし、画像を大きくするとファイルサイズも大きくなるため、ファイルサイズを軽くしたい場合には、画質を小さくしたり「最小のファイルサイズ」を選んだりしましょう。

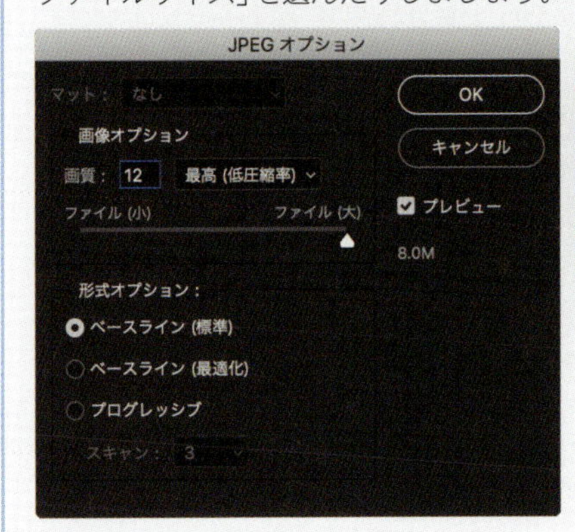

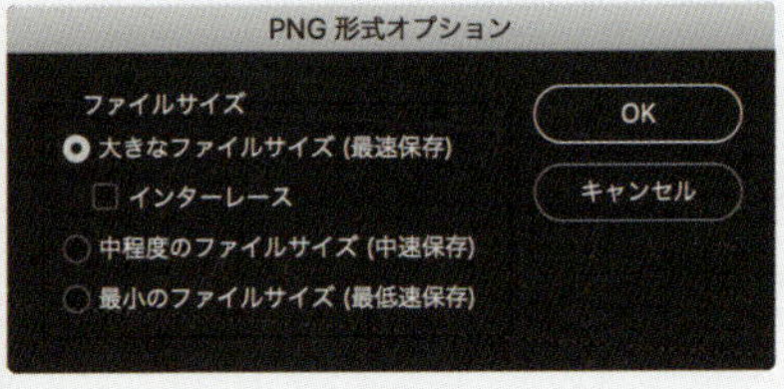

Point 画像にするとレイヤーは結合される

「jpg」「png」などの形式で保存すると、レイヤーは結合（50ページ）されて1枚の画像になります。また、画像として保存されるのは、保存時に表示されているレイヤーだけで、非表示のレイヤーは画像化されません。

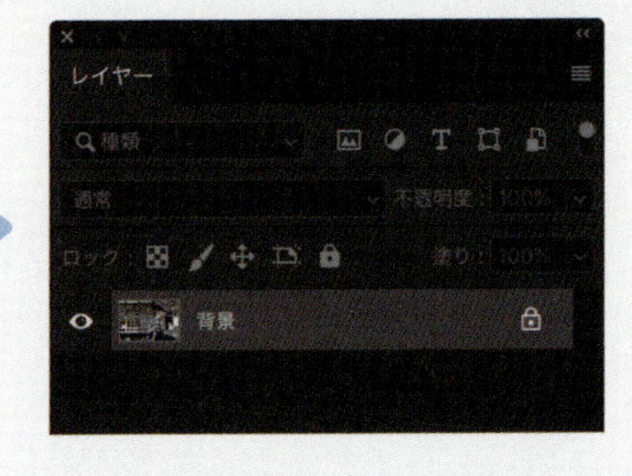

2-5

保存したドキュメントを開いて再編集する

ドキュメントの読み込み

保存したドキュメントは、再び開いて編集することができます。途中で中断して保存したドキュメントを再度開いて編集したり、残しておいたドキュメントを開いて別の編集を加えたりできます。ドキュメントを開くのは、Photoshopを使ううえで基礎中の基礎なので、必ず覚えておきましょう。

1 Photoshopを開く

Photoshopを開きます。

Photoshop CCの場合は、開くと直近で使ったドキュメントが出てきます。ここで目的のドキュメントをクリックすれば、メニューバーに触れずにデータを開くことができます。

2 【開く】を選択

メニューバーから【ファイル】→【開く】①を選択します。

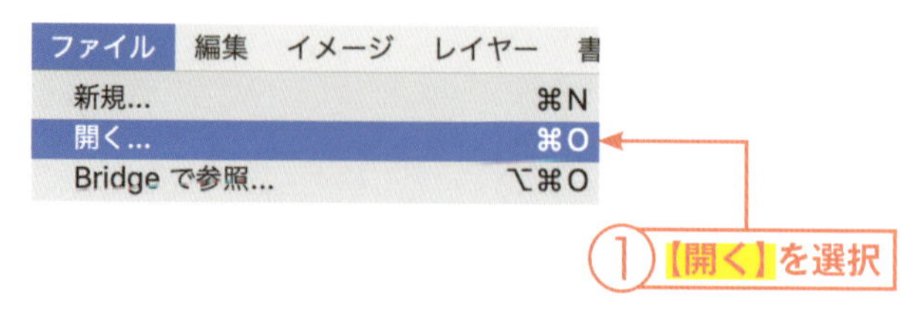

2 ドキュメントを開く

開くドキュメント②を選択し、【開く】③をクリックします。

「psd」形式で保存されたドキュメントのアイコンをダブルクリックすることで、Photoshopの起動と同時にドキュメントを開くことができます。

■ Photoshopで保存・読み込みできる拡張子

Photoshopは「psd」以外にも、以下の形式のデータに対応しています。

▶Photoshop (psd、pdd、psdt)
Photoshop専用の保存形式です。

▶ビッグドキュメント形式 (psb)
「psd」と同じく、Photoshop専用の保存形式です。「psd」でサポートできない巨大なデータの場合、こちらを使います。

▶BMP (bmp、rle、dib)
Windowsのビットマップで使用する保存形式です。

▶CompuServe GIF (gif)
インターネット上で多く利用される形式です。アニメーションに使われることもあります。

▶Dicom (dcm、dc3、dic)
医療用のデータで多く使用される形式です。

▶Photoshop EPS (eps)
PhotoshopやIllustratorで開ける保存形式です。印刷所への入稿などでも使用します。

▶IFF形式 (iff、tdi)
Amiga OSの標準画像形式です。

▶JPEG (jpg、jpeg、jpe)
一般的に使用されている画像形式です。インターネット上の画像でも多く使われています。

▶JPEG 2000(jpf、jpx、jp2、j2c、j2k、jpc)
JPEGが進化した画像形式です。

▶JPEGステレオ (jps)
3Dに対応したJPEGです。

▶PCX (pcx)
ゼットセット社が提供するペイントソフト「ペイントブラシ」の保存形式です。

▶Photoshop PDF (pdf、pdp)
Adobe Acrobatで編集できる保存形式です。PhotoshopやIllustratorでも開けます。

▶Pixar (pxr)
Pixar社によって作られた、画像の保存形式です。

▶PNG (png)
インターネット上でGIFのかわりに使用されることが多い保存形式です。透明部分を保存できます。

▶Portable Bit Map (pbm、pgm、ppm、pnm、pfm、pam)
2色で構成された画像の保存形式です。

▶Scitex CT (sct)
Scitex社が提供する機器の保存形式です。

▶Targa (tga、vda、icb、vst)
TrueVisionが開発した、ビデオボードシステムを使用するための保存形式です。

▶TIFF (tif、tiff)
別のコンピュータやアプリケーションでデータを使用するための保存形式です。画質を高いまま保てます。

▶マルチ画像形式 (mpo)
3D画像に使われる保存形式です。

▶汎用フォーマット (raw)
デジタルカメラなどで撮影した画像の加工、圧縮前の元データで使われる保存形式です。

▶Photoshop DCS 1.0 (eps)
基本はEPSと同じですが、CMYK画像のカラーチャンネルを分解して保存できます。

▶Photoshop DCS 2.0 (eps)
基本はEPSと同じですが、スポットカラーチャンネルを保存できます。

2-6

プリント設定で印刷の仕上がりを決める

印刷

プリント設定では、印刷の仕上がりを決めることができます。作成したドキュメントを印刷したい場合に使います。印刷位置や大きさ、余白の設定などもできるため、印刷する前にこれらをきちんと設定しておきましょう。

1 【プリント】を選択

メニューバーから【ファイル】→【プリント】①を選択します。

ファイル　編集　イメージ　レイヤー　書
新規...　⌘N
開く...　⌘O
Bridge で参照...　⌥⌘O
ファイル情報...　⌥⇧⌘I
プリント...　⌘P
1部プリント　⌥⇧⌘P

①【プリント】を選択

2 プリントの設定

「Photoshopプリント設定」ダイアログでプリントする位置や拡大比率などを決めます②。【完了】③をクリックするとプリントの設定が完了します。

【プリント設定】をクリックすることで、プリンタの設定を行うことができます。用紙サイズの設定などはここから行いましょう。

部数	印刷する部数を設定します。
レイアウト	印刷の向きを設定します。
カラーマネジメント	プリントする画像のカラー処理の方法を設定します。
位置とサイズ	プリント時の画像の位置やサイズ、拡大比率などを設定します。
トンボとページ情報	トンボやページ情報を印刷する場合の設定をします。
その他の機能	反転させたり、ネガ風にしたりして印刷ができます。

Point プリントの位置

プリント設定では、【位置】を設定することで、用紙内での印刷位置を指定できます。「中央」にチェックを入れると紙面の中央に、「上」と「左」でそれぞれの余白を指定すると、その余白が取られた位置に印刷されます。

「中央」に設定

「上」と「左」に余白を設定

Point サイズの拡大・縮小

プリント設定では【比率】で印刷する画像のサイズを変更できます。パーセンテージや高さ、幅を設定すると、それに合わせて比率が変更されます。また【メディアサイズに合わせて拡大・縮小】をチェックすると、自動的に用紙の大きさに合わせて、画像全体が印刷されます。

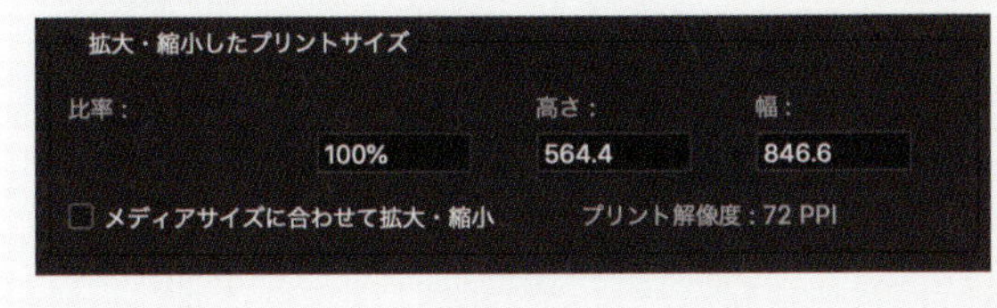

メディアサイズに合わせて拡大・縮小

■ ドキュメントを印刷する

作成したドキュメントは、メニューバーから【ファイル】→【プリント】を選ぶことで、簡単に印刷することができます。

1 【プリント】を選択

メニューバーから【ファイル】→【プリント】①を選択して、「Photoshopプリント設定」ダイアログを開きます。

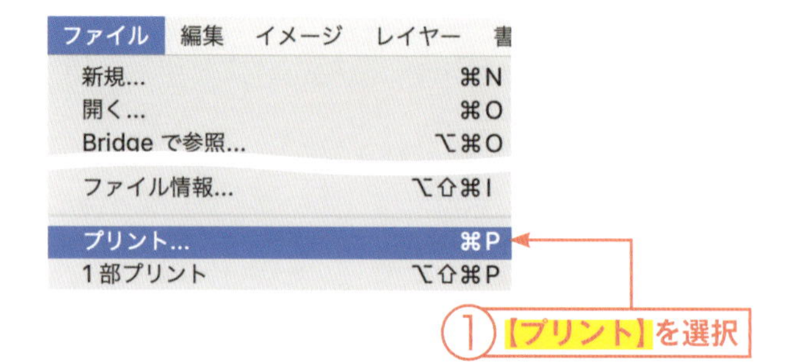

2 部数の設定

「Photoshopプリント設定」ダイアログで、印刷する部数②を設定します。

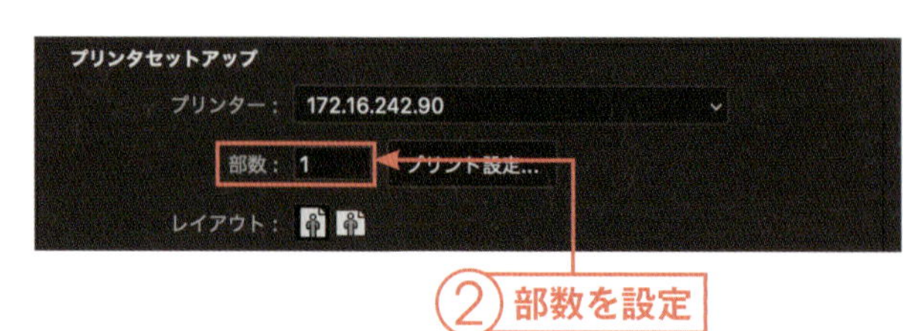

3 印刷開始

【プリント】③をクリックすると印刷が開始されます。

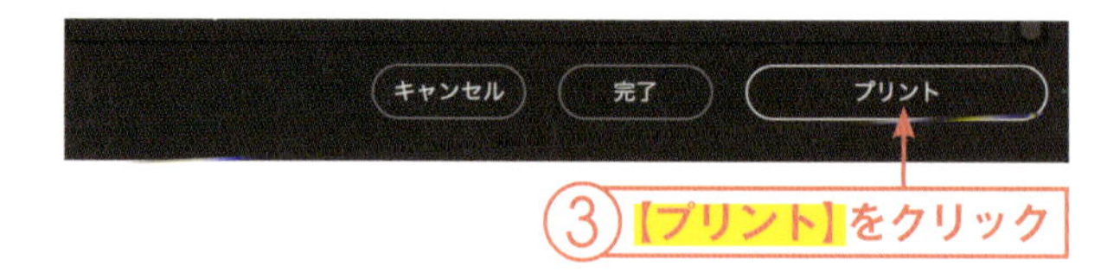

Point ドラッグでプリント範囲を設定する

印刷の際には「Photoshopプリント設定」ダイアログのプレビュー上で、ドラッグによって印刷する範囲を調整できます。画像の大きさが用紙よりも大きい場合は、直感的に印刷範囲を指定できるため便利です。

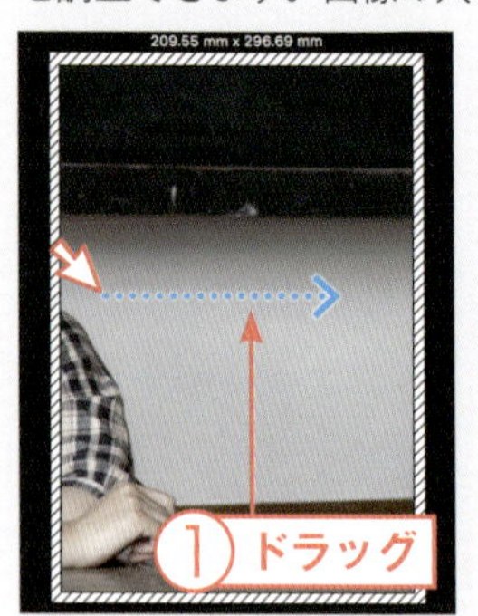

第3章

レイヤーを操作する

レイヤーとは、透明なフィルムのようなものです。Photoshopではレイヤーを重ねていくことで、画像を作っています。レイヤーを使いこなすことで、より編集しやすくなり、作業を効率的に進められるようになるでしょう。本章では、レイヤーの作り方や調整の仕方などをご紹介していきます。

3-1 レイヤーを新規に作成する

レイヤーの作成

レイヤーとは、画像を構成する透明なフィルムのようなものです。Photoshopでは、これを重ねることでひとつの画像を構成しています。画像を編集する際には、背景のレイヤー、重ね合わせる画像のレイヤー、文字のレイヤーなど、目的に応じてレイヤーを分けながら作業していきます。レイヤーはPhotoshopを使ううえで重要なものなので、しっかりと理解していきましょう。

1 【レイヤー】を選択

Photoshopを開いてドキュメントを新規に作成し、メニューバーの【レイヤー】→【新規】→【レイヤー】①を選択します。

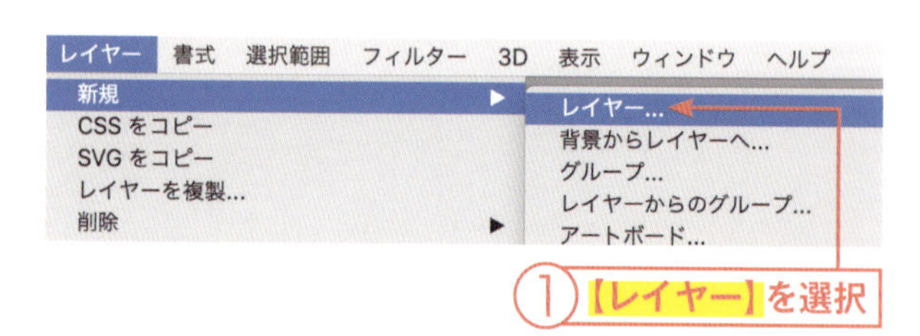

2 レイヤー名を入力

「新規レイヤー」ダイアログで、レイヤーの名前②を入力し、【OK】③をクリックします。ここでは名前を「レイヤー1」としています。

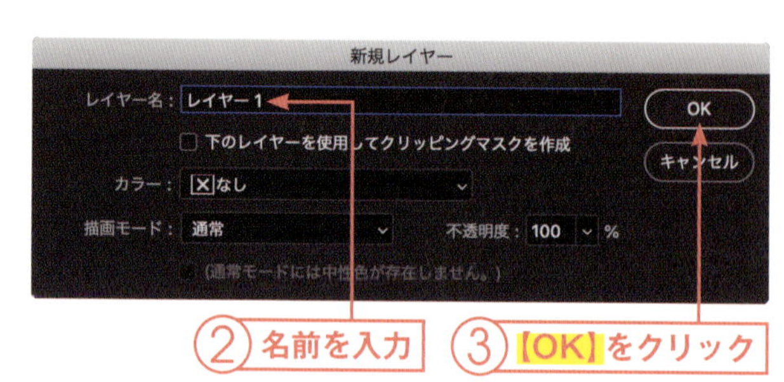

レイヤー名	レイヤーパネルに表示するレイヤーの名前を指定します。
カラー	レイヤーパネルに表示するラベルの色を指定します。
描画モード	レイヤーの描画モードを指定します。
不透明度	レイヤーの不透明度を指定します。

3 完成

新しいレイヤーが追加されます。

作成したレイヤーは、「レイヤー」パネルで確認することができます。「レイヤー」パネルは、メニューバーから【ウィンドウ】→【レイヤー】を選択することで表示されます。

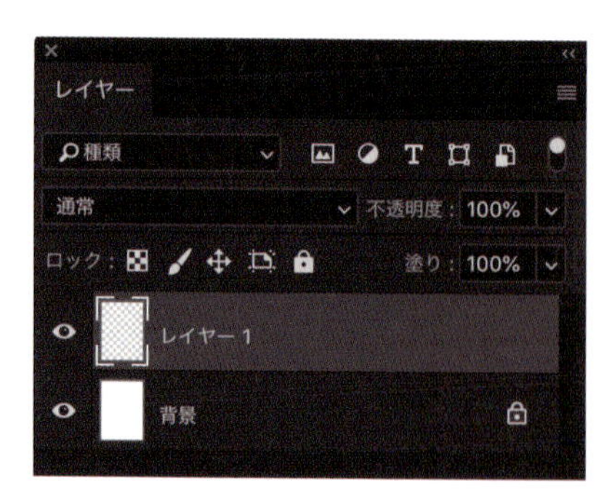

ボタンひとつで新規レイヤーを作成する

「レイヤー」パネルの右下にある【新規レイヤーを作成】①をクリックすれば、ボタンひとつでレイヤーを作ることができます。作成されるレイヤーの名前は、「レイヤー2」のように連番で設定されます。なおレイヤーの名前は、「レイヤー」パネルのレイヤー名部分をダブルクリックすることで変更できます。

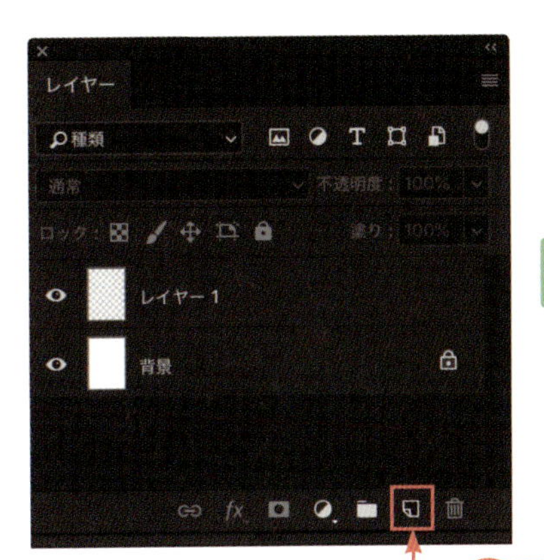

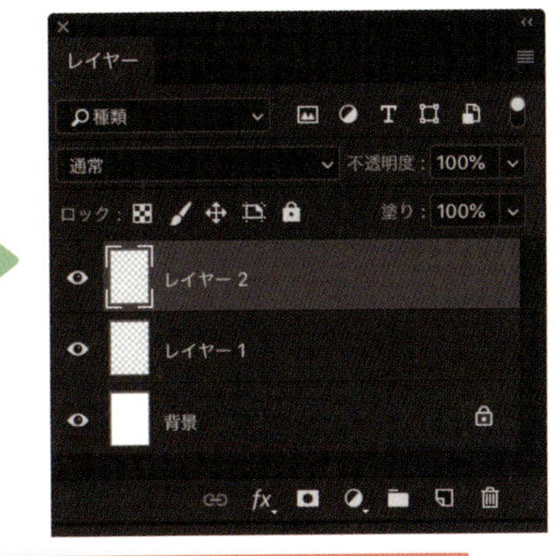

① 【新規レイヤーを作成】をクリック

Point レイヤーの概念を理解しよう

レイヤーは透明なフィルムのようなもので、これがどんどん上に重なっていって、ひとつの画像を構成しています。例えば、写真の上に文字を入れる場合、写真のレイヤーの上に文字を書いたレイヤーを乗せることで、写真に重ね合わせるように文字を入れることができます。さらにその上に丸などの図形を描きたい場合には、またその上にレイヤーを作っていきます。このようにして画像が作られていきます。

ドキュメントを新規に作成すると、最初に「背景」レイヤーが作成されます。「背景」は特殊なレイヤーで、通常のレイヤーで可能な一部の編集機能が実行できないようになっています。ちなみに、JPEGやPNGなどの画像ファイルを読み込んでドキュメントを作成した場合は、読み込んだ画像が「背景」レイヤーとして開かれます。

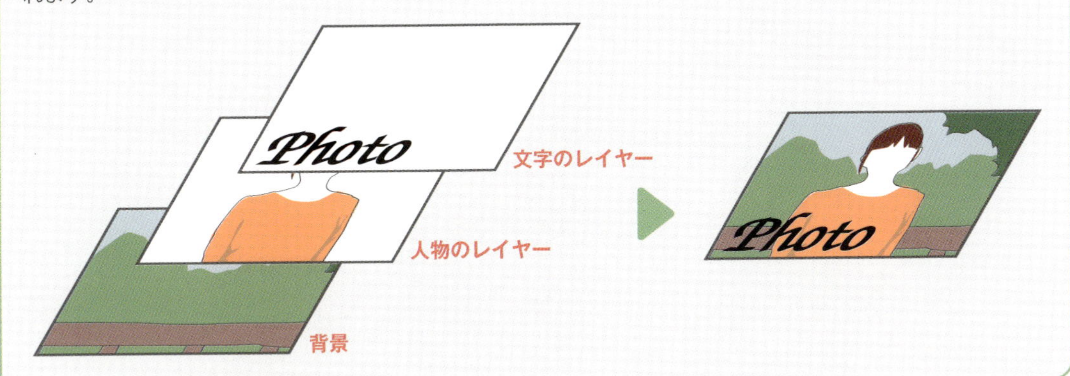

3-2

既存のレイヤーを複製する

レイヤーの複製

レイヤーは同じものを複製することも可能です。同じ画像をいくつも重ねたり、元の画像を残して編集するのにも有効です。なお、Photoshopの作業に慣れないうちは、元の画像を直接編集するのではなく、読み込んだ画像のレイヤーを複製して、そちらで作業することをオススメします。元画像を残すことでバックアップとなるため、何度でもやり直しが可能です。

1 レイヤーの選択

Photoshopを開いてドキュメントを新規に作成し、「レイヤー」パネルで複製したいレイヤー①を選択します。ここでは「背景」を選択しています。

「レイヤー」パネルは、メニューバーから【ウィンドウ】→【レイヤー】を選択することで表示されます。

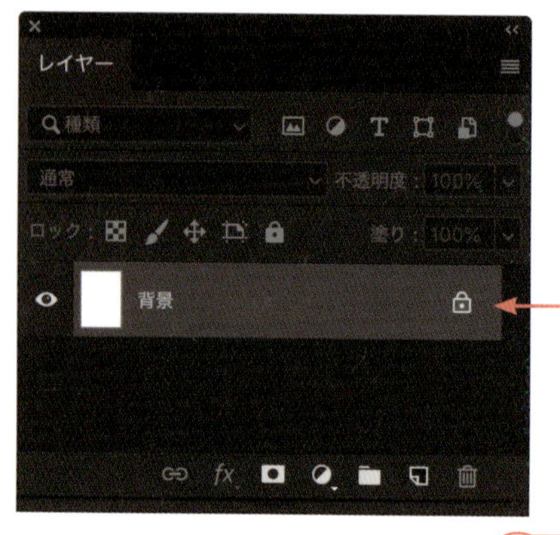

2 【レイヤーを複製】を選択

メニューバーから【レイヤー】→【レイヤーを複製】②を選択します。

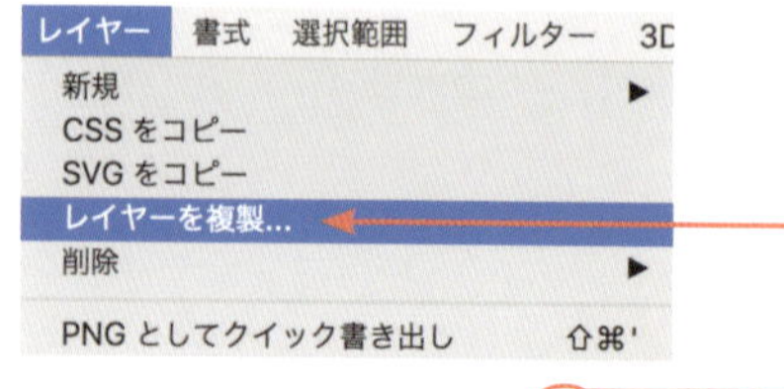

3 レイヤー名を入力

「レイヤーを複製」ダイアログでレイヤーの名前③を入力し、【OK】④をクリックします。

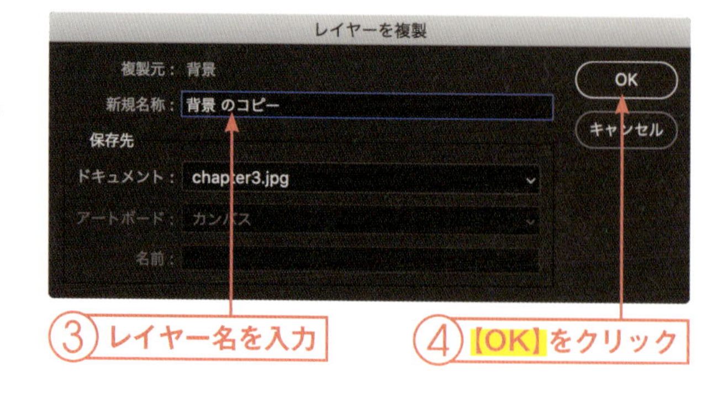

完成

レイヤーが複製されます。

> レイヤーの名前を入力しない場合は「背景のコピー」などのように設定されます。

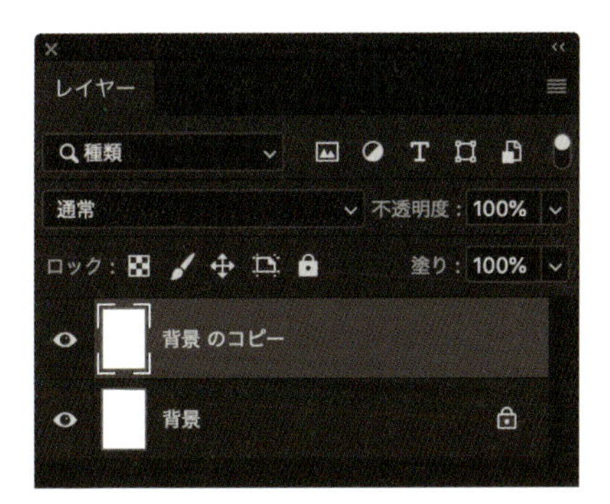

■ レイヤーは右クリックでも複製可能

レイヤーは、右クリック（Macの場合は control ＋クリック）でも複製が可能です。「レイヤー」パネル上で複製したいレイヤー①を右クリックして、【レイヤーを複製】②を選択します。あとはレイヤー名の入力などの作業を行えば、複製が完了します。

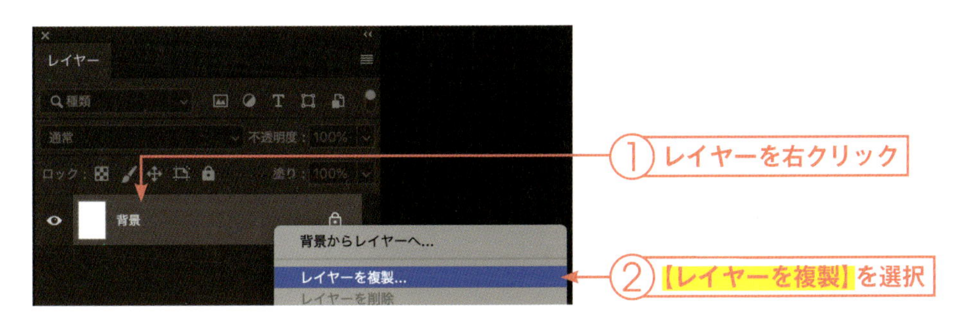

Point レイヤーのグループ化

編集していると、どんどんレイヤーが増えていって整理ができなくなることがあります。その場合はレイヤーをグループ化すると良いでしょう。

グループ化するには、グループ化したいレイヤーを shift キーを押しながら複数選択し、メニューバーから【レイヤー】→【レイヤーをグループ化】を選択します。なお、グループ化を解除する場合には、「レイヤー」パネル上で解除するグループを選び、メニューバーから【レイヤー】→【レイヤーのグループ解除】を選択します。

作成したグループをクリックすることで、グループの中に入れられたレイヤーを確認することができます。

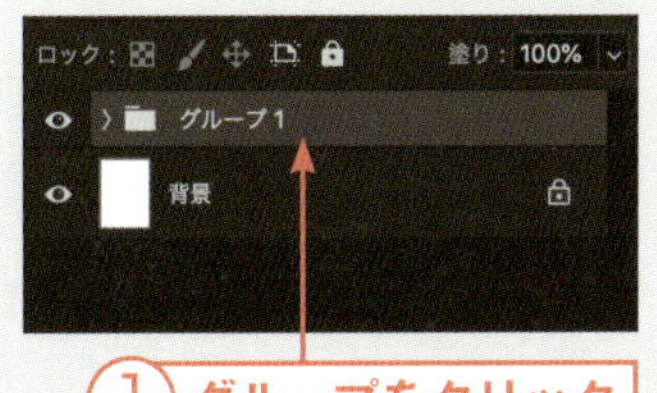

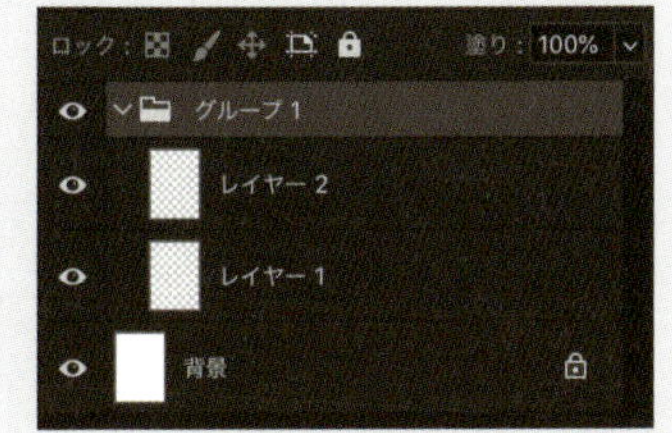

▸3-3

Sample_3-3.psd

レイヤーは上のものほど手前に表示される

レイヤーの重ね順

レイヤーは自由に重ね順を変えられます。レイヤーは上にあるものが前面になり、下にあるものが背面になります。また、「背景」レイヤーは必ず1番下になります。重ね順を変えることで、文字を手前に持ってきたり、画像を後ろに持っていったりすることが可能です。

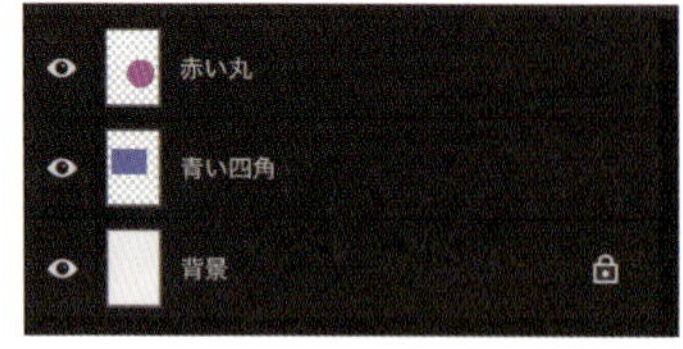

「赤い丸」を手前に表示

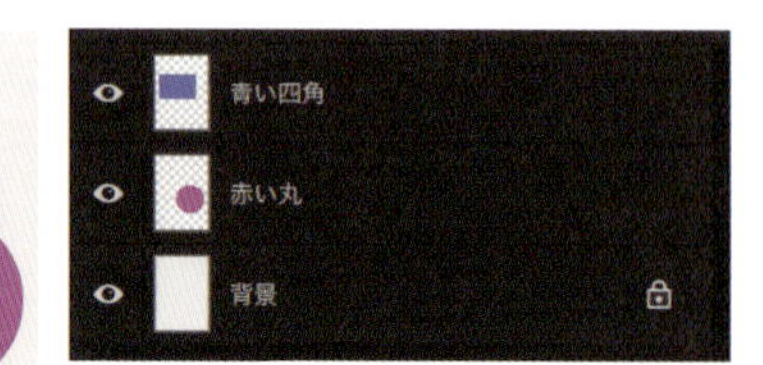

「青い四角」を手前に表示

① レイヤーを選択

「レイヤー」パネルから、移動したいレイヤー①を選択します。サンプルでは、「背景」の上に、「赤い丸」と「青い四角」という図形を描画したレイヤーを追加しています。

Sample_3-3.psd

①レイヤーを選択

② 【背面へ】を選択

メニューバーから【レイヤー】→【重ね順】→【背面へ】②を選択します。レイヤーを前に持っていきたい場合は【前面へ】、後ろに持っていきたい場合は【背面へ】を選択します。

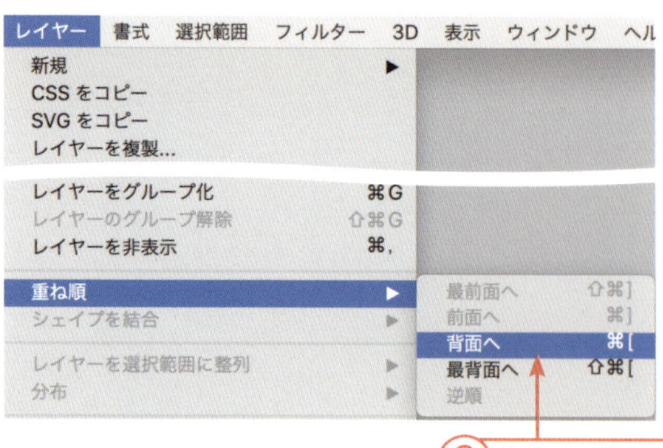

②【背面へ】を選択

3 完成

レイヤーの重ね順が変更されて、「青い四角」が手前に表示されます。

> レイヤーの重ね順は、「レイヤー」パネル上でドラッグ&ドロップすることでも変更できます。

レイヤーを非表示にする

レイヤーは自由に表示・非表示を切り替えられます。作業するレイヤー以外を非表示にすることで、作業がしやすくなる場合があります。

レイヤーを非表示にするには、「レイヤー」パネルから非表示にするレイヤーを選択し、メニューバーから【レイヤー】→【レイヤーを非表示】を選択するか、「レイヤー」パネルで目の形のアイコンをクリックします。

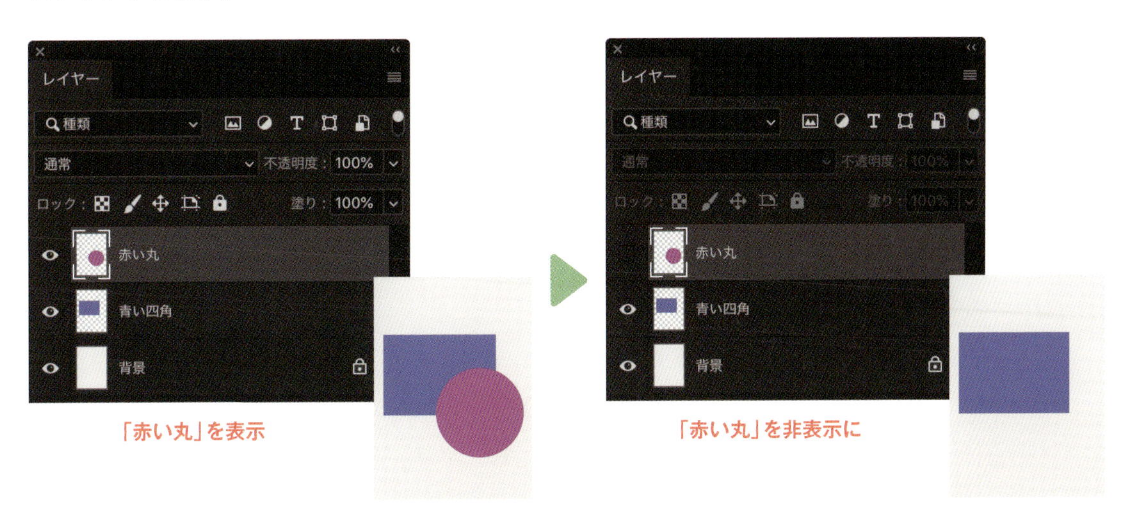

Point グループの非表示

レイヤー同様、グループも重ね順を変えたり、非表示にしたりできます。グループの重ね順を変える場合には、「レイヤー」パネル上でグループを選択し、重ね順を変える作業を行います。非表示にする場合も、グループを選択してから非表示にします。

3-4

Sample_3-4.psd

レイヤー内の画像の位置を変更する

画像や文字の移動

レイヤー内に表示されている画像や文字などは、レイヤーごとに自由に位置を動かすことができます。画像や文字を移動させることで、自分のイメージ通りのドキュメントを作成できます。チラシやポスターなど、画像や文字を組み合わせる必要がある場合には必須のツールです。

1 レイヤーを選択

「レイヤー」パネルから、画像を移動したいレイヤー①を選択します。サンプルでは「背景」の上に文字を入力したレイヤーを追加しています。

Sample_3-4.psd

2 【移動ツール】を選択

ツールパネルから【移動ツール】②を選択します。

3 画像をドラッグ

ドキュメントウィンドウで画像内をクリックし③、移動したい場所までドラッグします④。

「背景」レイヤーをドラッグすると、「背景レイヤーは移動できません」というメッセージが表示されます。その場合は【標準レイヤーに変換】をクリックして、「背景」を通常のレイヤーに変換してください。その際にレイヤーの名前は「レイヤー0」に変更されます。

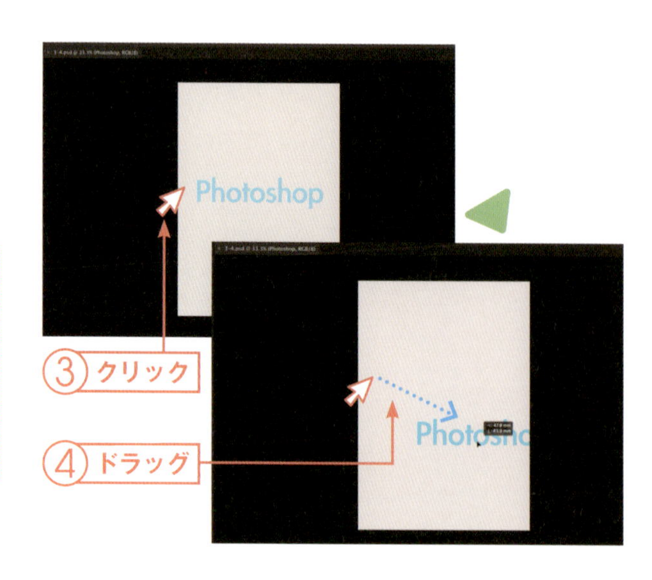

完成

レイヤー内の画像が移動します。

カンバスより外に移動した部分は表示されなくなります。また、移動した後に表示される白黒のチェックは、透明な部分を意味します。

■ 編集したくないレイヤーは「ロック」する

レイヤーには、ロック機能があります。レイヤーをロックすることで、そのレイヤーは編集ができなくなります。編集したくないレイヤーはロックしておくと良いでしょう。

レイヤーのロックは、「レイヤー」パネルでロックしたいレイヤーを選択して、メニューバーから【レイヤー】→【レイヤーをロック】①を選択します。表示される「リンクしたすべてのレイヤーをロック」ダイアログで、ロックする項目②にチェックを入れて、【OK】③をクリックします。

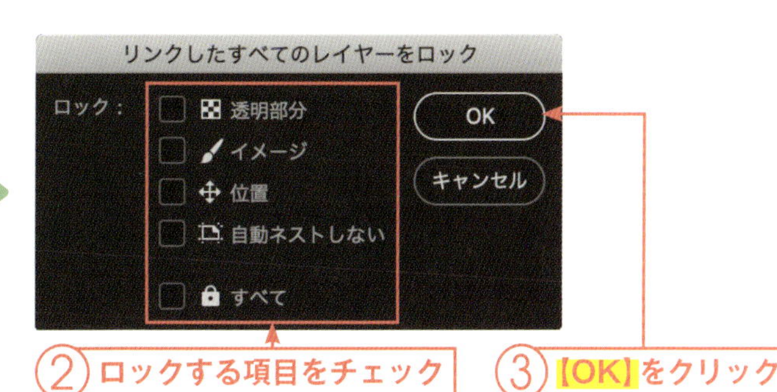

透明部分	透明部分に対して編集ができなくなります。
イメージ	移動以外の編集ができなくなります。
位置	移動のみできなくなります。
自動ネストしない	アートボード間で、ドラッグ&ドロップによるデータ移動ができなくなります。
すべて	全ての編集ができなくなります。

ロックされたレイヤーは、「レイヤー」パネルのレイヤー名の横に鍵の形のアイコン が表示されます。鍵のアイコンをクリックすることで、ロックを解除できます。

3-5

Sample_3-5.psd

レイヤーを結合してひとつにまとめる

レイヤーの結合

レイヤーは結合してひとつにまとめることができます。レイヤーが増えすぎてしまったときや、もう編集しないレイヤーなどは、まとめることですっきりします。また、別々のレイヤーで編集していたものを結合することで、ひとつの画像にできます。

1 レイヤーを選択

「レイヤー」パネルで、まとめたいレイヤー①を複数選択します。サンプルでは「背景」の上に文字を入力したレイヤーを追加しています。

shift あるいは command キー（Windowsでは ctrl キー）を押しながらクリックで、複数選択できます。

Sample_3-5.psd

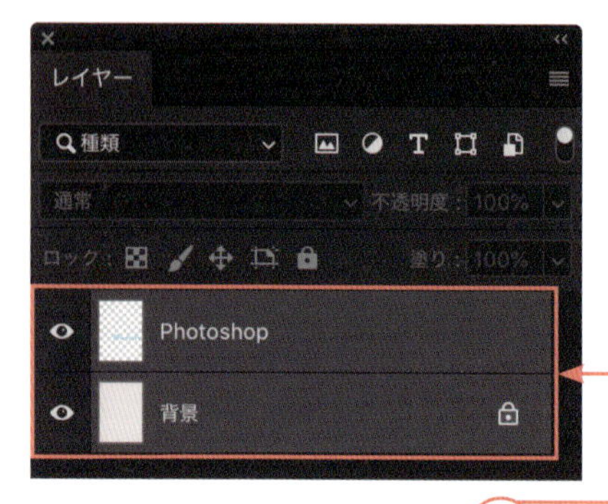

2 【レイヤーを結合】を選択

メニューバーから【レイヤー】→【レイヤーを結合】②を選択します。

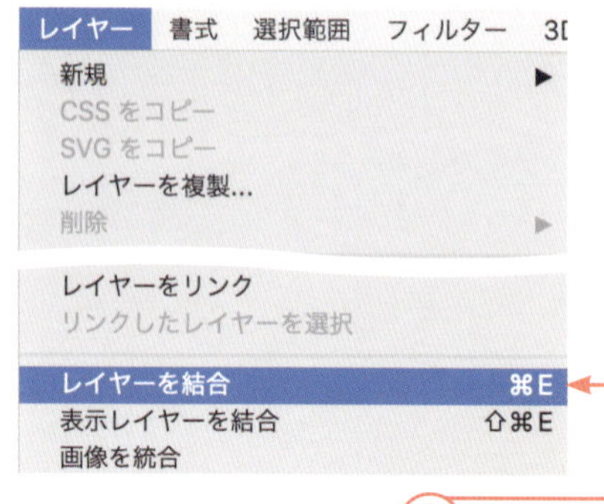

3 完成

選択したレイヤーが結合されて、ひとつのレイヤーになります。

要らないレイヤーを削除する

不要になったレイヤーは削除することができます。使わないレイヤーを削除することで、そのレイヤー内にあった画像や文字を一気に消すことが可能です。

1 レイヤーを選択

「レイヤー」パネルから、削除したいレイヤー①を選択します。

① レイヤーを選択

2 【レイヤー】を選択

メニューバーから【レイヤー】→【削除】→【レイヤー】②を選択します。

レイヤーを右クリックして【レイヤーを削除】を選択することでも削除できます。

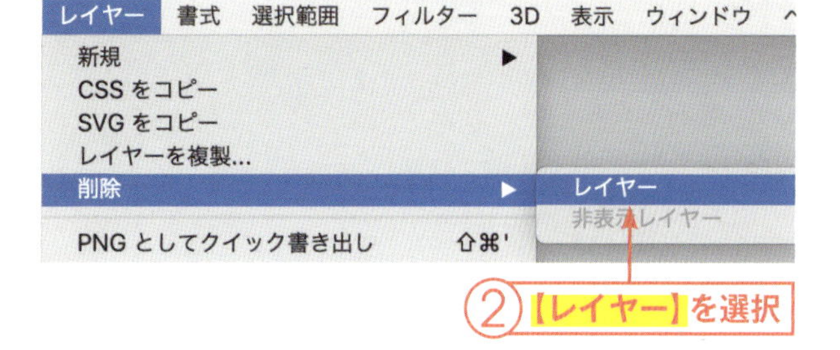

3 レイヤーを削除

確認のダイアログが出てくるので、【はい】③をクリックします。

削除直後ならば、メニューバーから【編集】→【最後の状態を切り替え】を選択すれば、削除したレイヤーを元に戻すことができます。

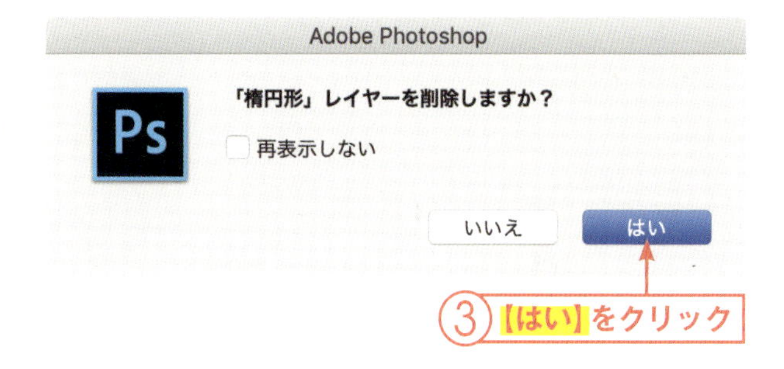

Point 結合したレイヤーは分割できない

レイヤーは一度結合してしまうと元に戻せません。結合直後であれば、【編集】→【最後の状態を切り替え】などで元に戻すことができますが、保存して一度閉じてしまうと元に戻せなくなってしまいます。そのため、もし結合前のデータを使うことがある場合には、結合後と別のデータにして保管しておくのをオススメします。

Point 下のレイヤーと結合する

「レイヤー」パネル上で下にレイヤーが存在するレイヤーを選択した場合、メニューバーから【レイヤー】→【下のレイヤーと結合】を選択することで、すぐ下にあるレイヤーと結合することができます。

3-6

Sample_3-6.psd

不透明度を変えて画像を透かして見せる

レイヤーの不透明度

レイヤーは不透明度を下げることで、透かして見せることができます。不透明度とは「透明ではないパーセンテージ」を示すもので、写真の上に入れた文字や図形などを透かして見せたい場合に効果的です。

1 レイヤーを選択

「レイヤー」パネルで、変更するレイヤー①を選択します。サンプルでは、「背景」の上に「楕円形」と「四角」というレイヤーを追加しています。

Sample_3-6.psd

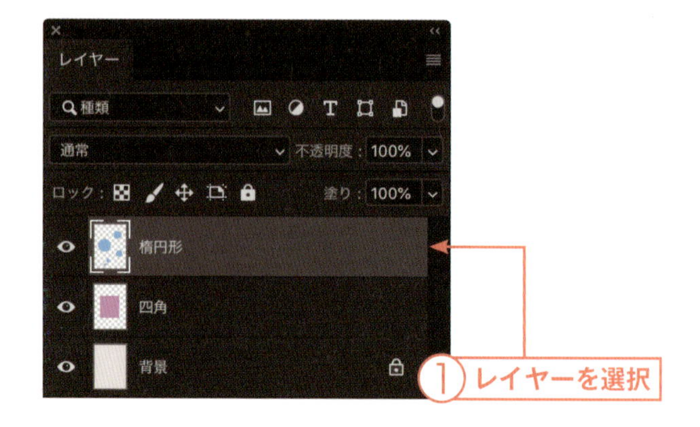

2 不透明度を設定

「レイヤー」パネルの上部にある【不透明度】②を下げます。下がれば下がるほど透明になります。ここでは「40%」にしています。

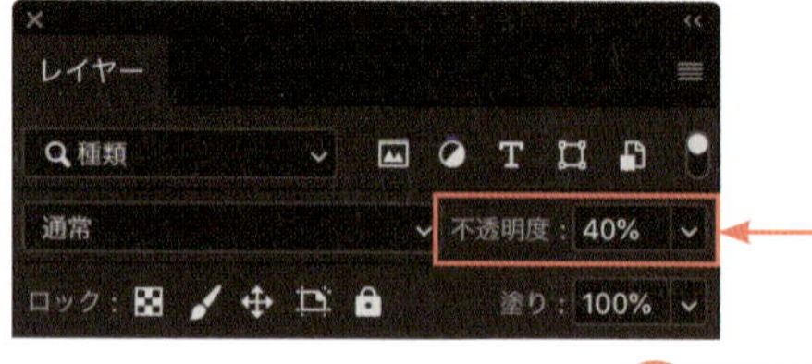

3 完成

レイヤーが透けて見えるようになります。

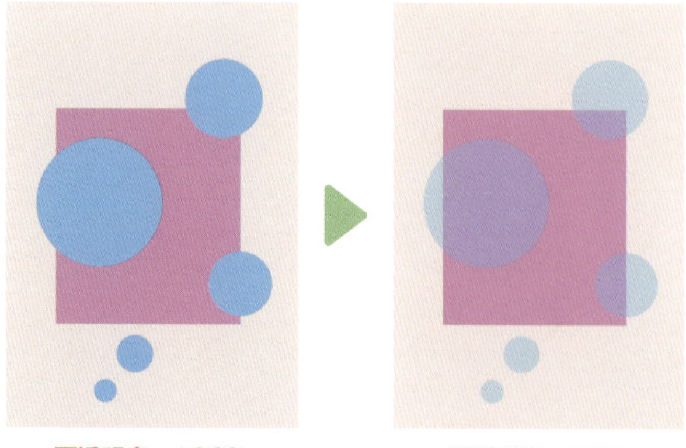

不透明度：100%　不透明度：40%

■「調整レイヤー」で画像を調整する

調整レイヤーとは、その名の通り「調整するためのレイヤー」です。元の画像を変化させることなく、明るさや色の調整ができます。画像の明るさを調整するものや、彩度を調整するものなど、さまざまな調整レイヤーを作ることができます。どれがどのような効果をもたらすのかは、5章「画像の明るさや色を調整する」（71ページ）から詳しく解説していきます。

1 【明るさ・コントラスト】を選択

メニューバーから【レイヤー】→【新規調整レイヤー】→【明るさ・コントラスト】①を選択します。ここでは、画像の明るさを調整するためのレイヤーを追加しています。

「レイヤー」パネルの右下【塗りつぶしまたは調整レイヤーを新規作成】をクリックし、レイヤーの種類を選択することでも追加できます。

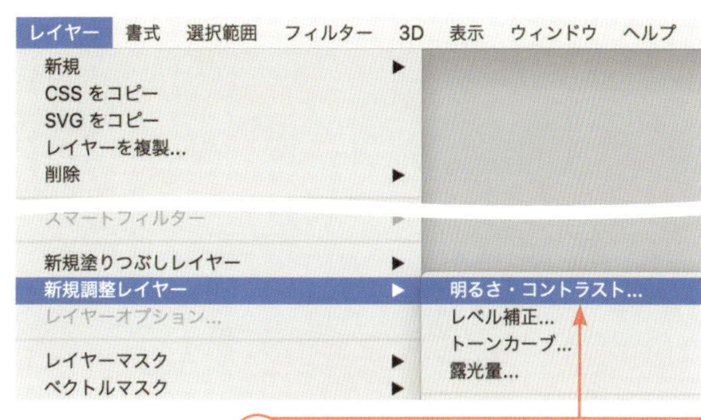

2 レイヤー名を入力

「新規レイヤー」ダイアログで、レイヤー名②を入力して、【OK】③をクリックします。

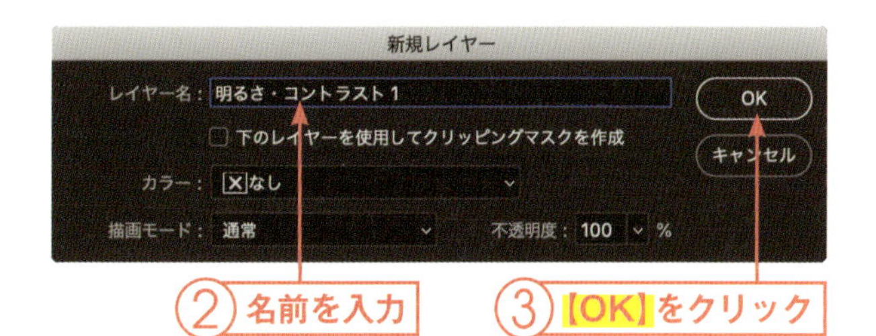

3 完成

調整レイヤーが作成されます。レイヤーのアイコンをダブルクリックすると調整用の「属性」パネルが表示されるので、そこで画像の調整を行います。

調整レイヤーの内容は、調整レイヤーより下にあるレイヤーに反映されます。

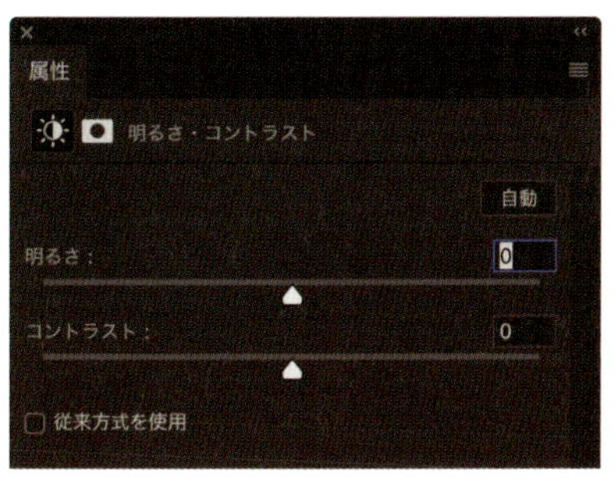

3-7

Sample_3-7.psd

レイヤーにさまざまな効果を付け加える

レイヤースタイル

レイヤーには「レイヤースタイル」と呼ばれる効果を付けることができます。効果にはさまざまな種類があり、スタイルを設定したレイヤーに描画されているものに効果が適用されます。

1 レイヤーを選択

「レイヤー」パネルで、効果を設定したいレイヤー①を選択します。サンプルでは、「背景」の上に「楕円形」というレイヤーを追加しています。

Sample_3-7.psd

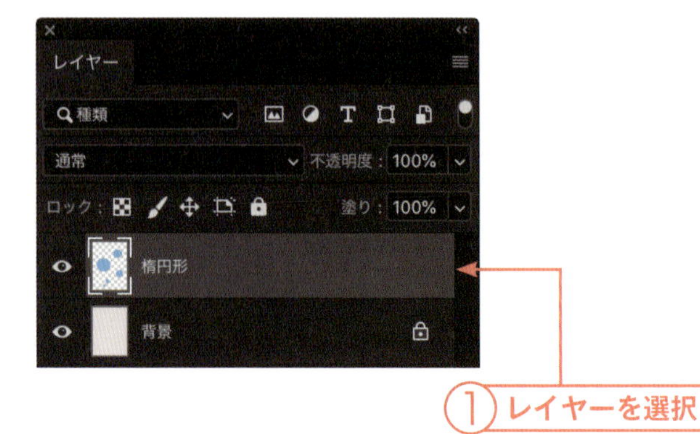

2 【レイヤー効果】を選択

メニューバーから【レイヤー】→【レイヤースタイル】→【レイヤー効果】②を選択します。

メニューバーの【レイヤー】→【レイヤースタイル】から、適用したい効果を選択することもできます。

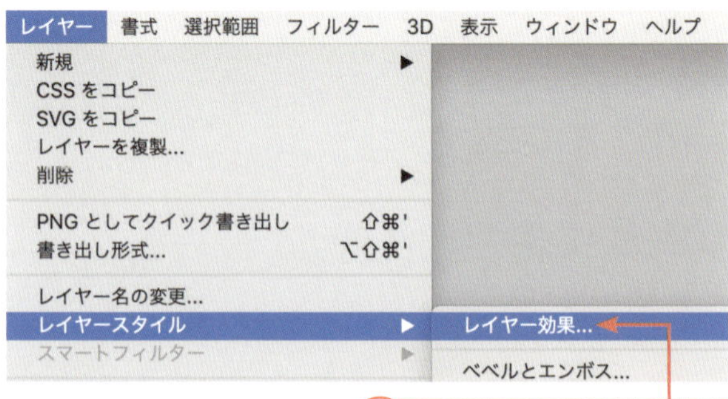

3 スタイルを選択

「レイヤースタイル」ダイアログで、適用したいスタイル③にチェックを入れます。ここでは「ドロップシャドウ」をチェックしています。

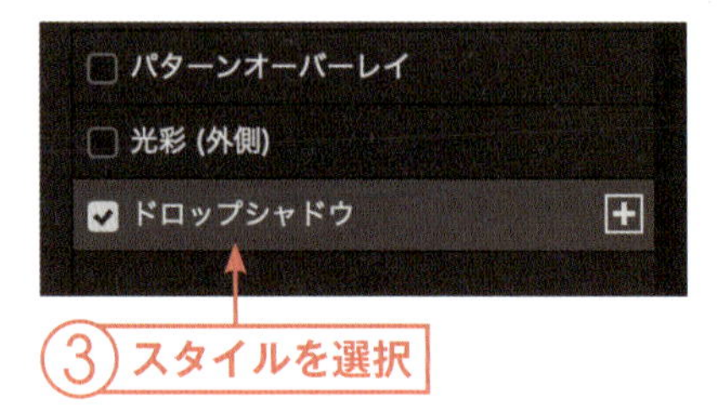

詳細を設定

レイヤースタイルの詳細を設定するには、ステップ3でチェックを入れたスタイルの名称部分④をクリックし、右側に出てくる詳細設定の部分⑤で設定を行います。設定したら、【OK】⑥をクリックします。

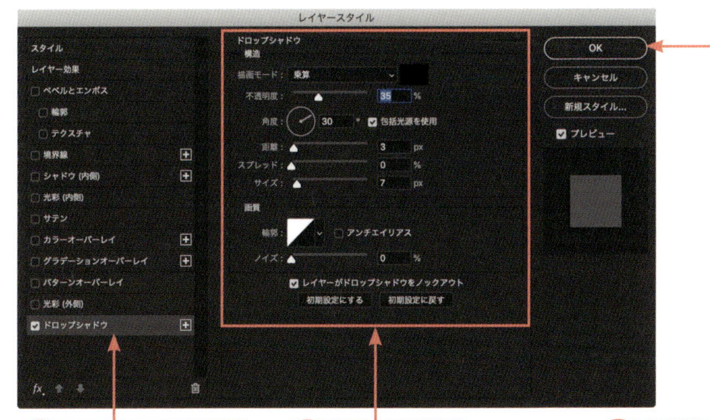

④スタイルを選択　⑤詳細を設定　⑥【OK】をクリック

5 完成

画像に効果が付け加えられます。

> レイヤースタイルはひとつのレイヤーに対して、複数設定できます。追加するには、ステップ4の部分で利用したいスタイルに複数チェックを入れて、詳細を設定します。スタイルを解除する場合は、チェックを外します。

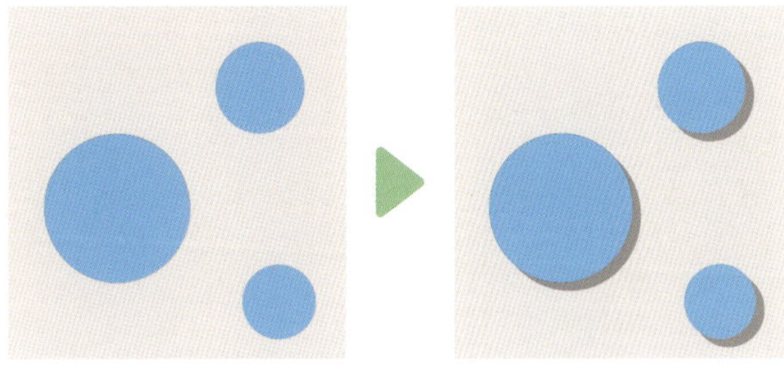

ドロップシャドウなし　ドロップシャドウあり

Point 効果を無効にする

レイヤースタイルを設定すると、「レイヤー」パネルにレイヤースタイルの名前が表示されます。名前の横の目のアイコン をクリックすると効果を無効にできます。再度クリックすると、再び有効にすることが可能です。また「効果」の部分をダブルクリックすると、効果を再設定できます。スタイルを設定したレイヤーを右クリックして【レイヤースタイルを消去】を選択すると、レイヤースタイルを削除することができます。

3-7 レイヤースタイル

■ さまざまなレイヤースタイル

レイヤースタイルで設定できる効果にはさまざまなものがあります。立体的に見せるものや、影を付けるもの、テクスチャ効果を発揮するものなど種類も豊富なので、いろいろ試してみると良いでしょう。

▶ベベルとエンボス

ハイライトとシャドウを組み合わせて、輪郭線を描いたり、テクスチャ効果を付けたりします。

▶境界線

境界線を描きます。

▶シャドウ（内側）

内側に影を付けます。

▶光彩（内側）

内側に光彩を付けます。

▶サテン

形に添って、艶や影を付けます。

▶カラーオーバーレイ

レイヤーに描画したものを、指定した色で塗りつぶします。

▶グラデーションオーバーレイ

レイヤーに描画したものを、指定したグラデーションで塗りつぶします。

▶パターンオーバーレイ

レイヤーに描画したものを、指定したパターンで塗りつぶします。

▶光彩（外側）

外側に光彩を付けます。

▶ドロップシャドウ

外側に影を描きます。

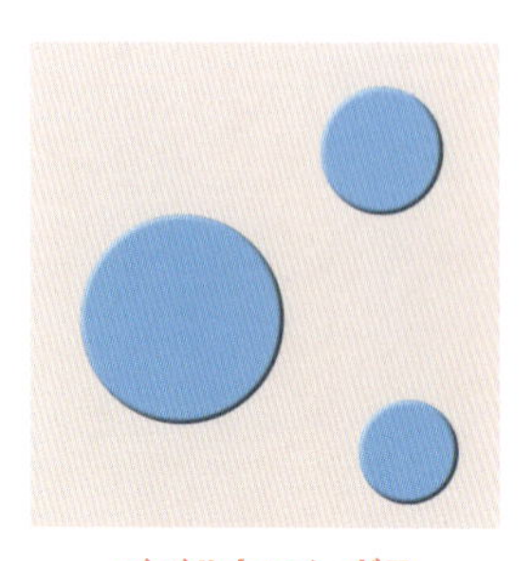

ベベルとエンボス

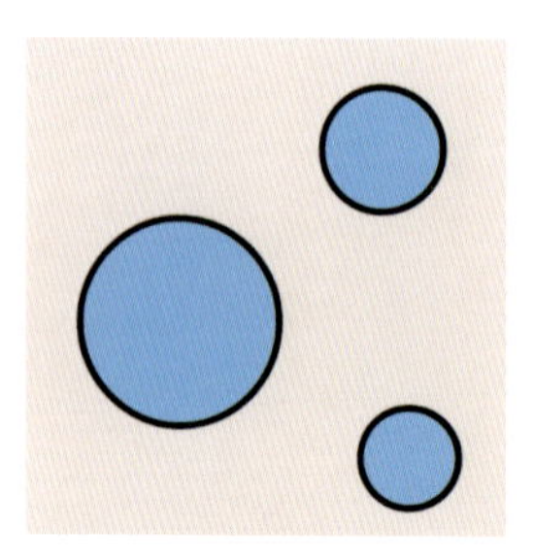

境界線

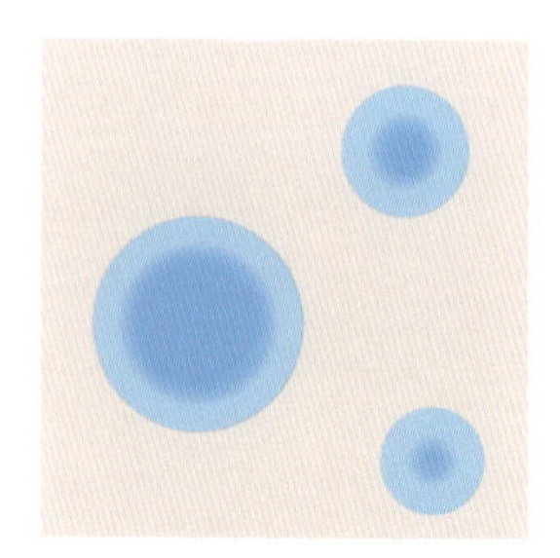

光彩（内側）

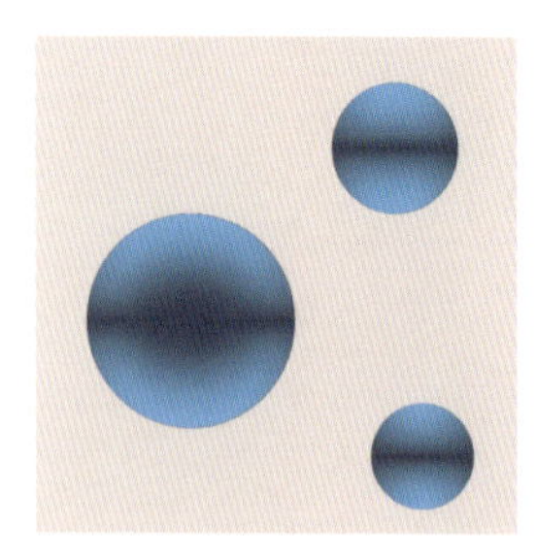

サテン

グラデーション
オーバーレイ

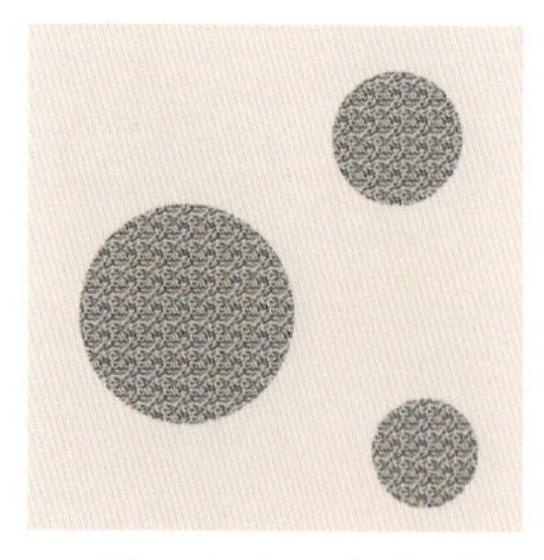

パターンオーバーレイ

第4章

編集範囲を選択する

Photoshopでは、画像内の選択した部分のみを編集することも可能です。選択ツールにはさまざまなものがあるため、目的に合ったものを使うことで、目的の部分のみを効果的に選択・編集することができます。自由に選択できるものはもちろん、画像に合わせて自動で選択してくれるツールもあります。この章では、一部を編集したいときの基本となる、選択ツールについて詳しくご紹介します。

4-1

Photo_chapter4.jpg

編集範囲を長方形で選択する

長方形選択ツール

「長方形選択ツール」を使うと、画像の一部を長方形で選択できます。選択をすることで、選択した部分のみを編集できるようになります。基本的にPhotoshopで編集を行う場合には、編集したい場所を選択してから操作を行うようになるため、しっかりとやり方を覚えておきましょう。

1 画像を開く

Photoshopを開き、編集する画像を読み込みます。

Photo_chapter4.jpg

2 【長方形選択ツール】を選択

ツールパネルから【長方形選択ツール】①を選択します。

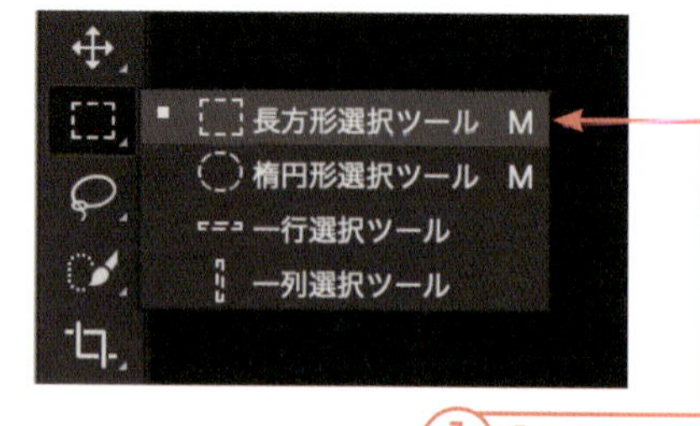

①【長方形選択ツール】を選択

3 選択範囲をドラッグ

選択したい場所を長方形で囲むようにドラッグします②。

shift キーを押しながらドラッグすると、縦横比が同じ四角(正方形)で選択できます。また、一度どこかを選択してから、再度 shift キーを押したままドラッグすると、複数箇所を同時に選択することができます。

②ドラッグ

選択を解除するには？

選択範囲を解除するには、メニューバーから【選択範囲】→【選択を解除】①を選択します。

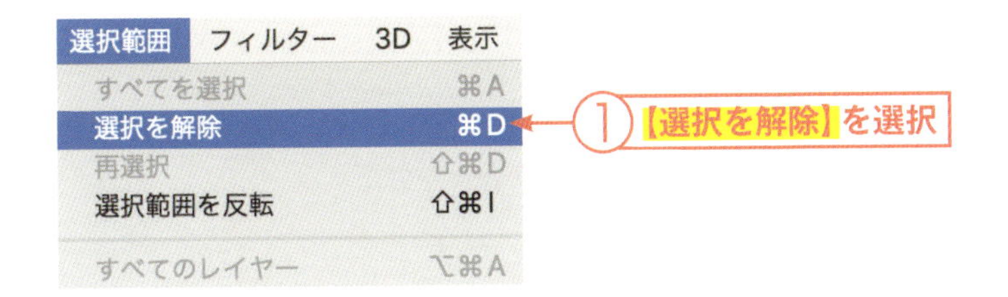

また、【選択範囲】→【選択範囲を反転】②を選択すると、選択した範囲の外側を選択できます。この機能は、選択した範囲だけを残して切り抜くときなどに便利です。特に範囲を選択しない場合は、「レイヤー」パネルで選択したレイヤー全体に操作内容が適用されます。

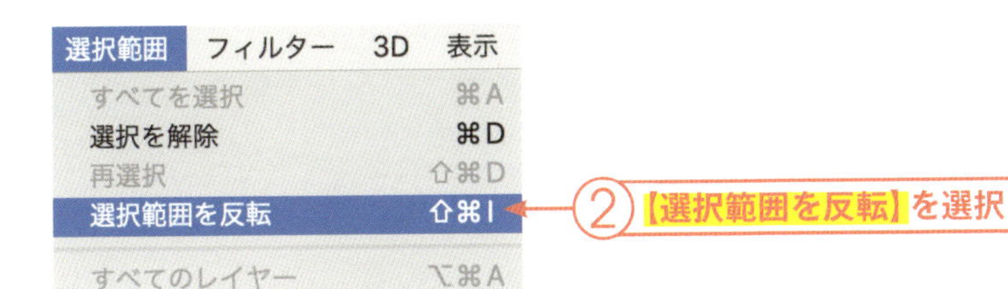

選択範囲を切り抜き

選択範囲を反転して切り抜き

Point 選択の仕方を決める

ツールパネルで「選択ツール」を選ぶと、メニューバーの下部分に、選択したツールに対応したオプションバーが表示されます。ここでは「選択範囲に追加して選択」「選択範囲から一部削除」など、選択の仕方を変化させることができます。また、ぼかしなども設定可能です。通常は「新規作成」を選択しておくと良いでしょう。

ぼかし：0 px

「長方形選択ツール」のオプションバー

4-2

Photo_chapter4.jpg

さまざまな形で編集範囲を選択する

楕円形選択ツール・多角形選択ツール

選択ツールは、長方形だけではありません。丸や多角形などでも選択可能です。自分の目的に合わせて選択範囲の形を使い分けてみましょう。特に「多角形選択ツール」は、三角形はもちろん、自分の好きな分だけ角を作って選択できるため、選択の幅が広がります。

楕円形で選択する

「楕円形選択ツール」を使うと、画像の一部を丸の形で選択できます。

1 画像を開く

Photoshopを開き、編集する画像を読み込みます。

Photo_chapter4.jpg

2 【楕円形選択ツール】を選択

ツールパネルから【楕円形選択ツール】①を選択します。

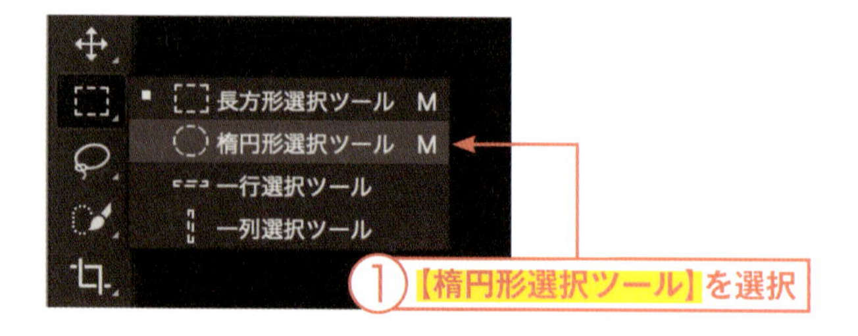

3 選択範囲をドラッグ

選択したい場所を円で囲むようにドラッグします②。

多角形で選択する

「多角形選択ツール」は、画像の一部を多角形で選択できるツールです。三角形や六角形など、さまざまな形の多角形で選択できます。

1 【多角形選択ツール】を選択

ツールパネルから【多角形選択ツール】①を選択します。

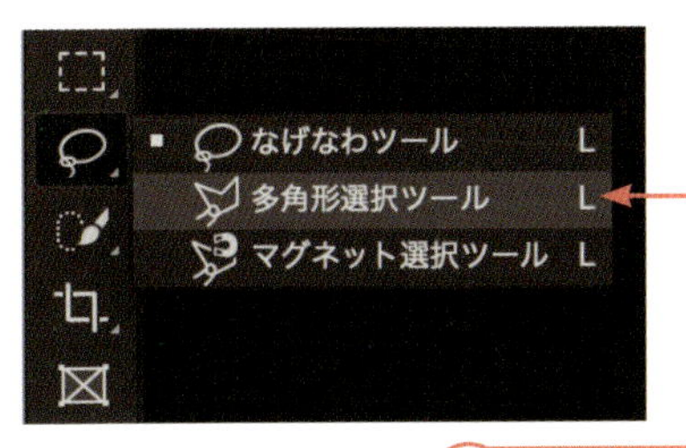

2 選択範囲をクリック

最初の角になる点②をクリックします。続けて、選択したい場所の周囲に多角形の角を置くようにして、クリックしていきます③。

最初にクリックした位置と重なるようにクリックすれば、線が閉じて多角形が作られます。

Point 選択したツールのアイコンが表示される

ツールパネル上のツールアイコンは、近い機能のものがグループ化されて格納されています。ツールパネル上には、グループ内で直前に選択したツールのアイコンが表示されます。右クリックもしくは長押しでツールを選択して使用した場合、デフォルトの状態の表示には戻らないので注意してください。

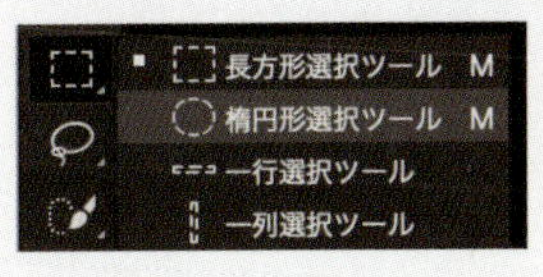

▸4-3

Photo_chapter4.jpg

画像の輪郭に合わせて選択する

マグネット選択ツール・なげなわツール

「マグネット選択ツール」は、画像内のエッジ（色の境目）を自動で検出して選択するツールです。写真の中の人物や商品など、特定のものを切り取りたいときに便利です。なげなわツールも同時に活用すると、よりキレイに選択できるでしょう。

1 画像を開く

Photoshopを開き、編集する画像を読み込みます。

Photo_chapter4.jpg

2 【マグネット選択ツール】を選択

ツールパネルから【マグネット選択ツール】①を選択します。

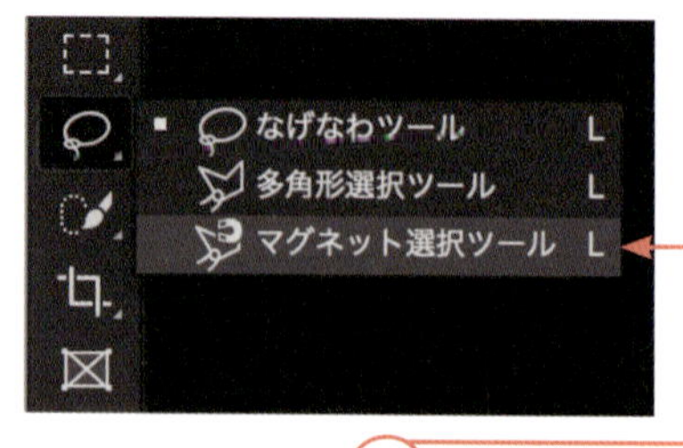

①【マグネット選択ツール】を選択

3 選択範囲をなぞる

始点をクリックして②、画像の輪郭をなぞるようにドラッグしていきます③。始点と終点を繋げると、選択が完了します。

マウスをダブルクリックすると、そのときの点と始点が繋げられて選択が完了します。

②クリック

③なぞる

自由な形で選択する

「なげなわツール」は、自由な形を選択したいときはもちろん、細かい部分を選択するのに便利です。例えば、マグネット選択ツールでエッジが検出できずに選択できなかった場所などを、追加で選択することもできます。

1 【なげなわツール】を選択

ツールパネルから【なげなわツール】①を選択します。

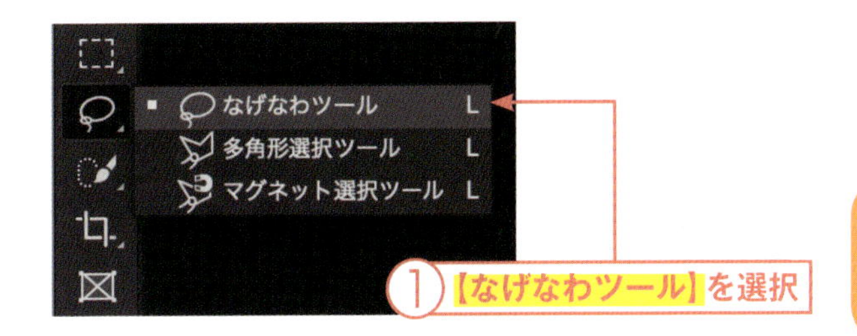

2 選択範囲をドラッグ

始点をクリックして②、選択したい範囲をドラッグで囲んでいきます③。マウスのドラッグを解除すると、始点と終点が繋がって選択が完了します。

Point キレイに輪郭をなぞれない

マグネット選択ツールは画像の輪郭に沿って範囲を選択する場合に非常に便利なツールですが、輪郭を完璧に検知できるわけではありません。選択できなかった部分は、なげなわツールなどを使って追加で選択するようにしましょう。長方形選択ツールなどと同様に、shiftキーを押しながらドラッグすることで、選択範囲を追加することができます。

また、余分に選択してしまった範囲を削除するには、オプションバーで【現在の選択範囲から一部削除】をクリックしてから、余分な範囲と重なるように新たに選択を行います。そうすることで、新たに選択した部分が、元の範囲から削除されます。

4-3 マグネット選択ツール・なげなわツール

4-4

Photo_chapter4.jpg

画像の輪郭を自動的に選択する

クイック選択ツール

「クイック選択ツール」は、ドラッグした部分の色を判定して、人物の輪郭などに沿って範囲を自動で選択します。森や海などの背景はもちろん、人物の着ている洋服など、輪郭をなぞる際に便利です。同じような色のみを選択したいときに使うと良いでしょう。

1 画像を開く

Photoshopを開き、編集する画像を読み込みます。

Photo_chapter4.jpg

2 【クイック選択ツール】を選択

ツールパネルから【クイック選択ツール】①を選択します。

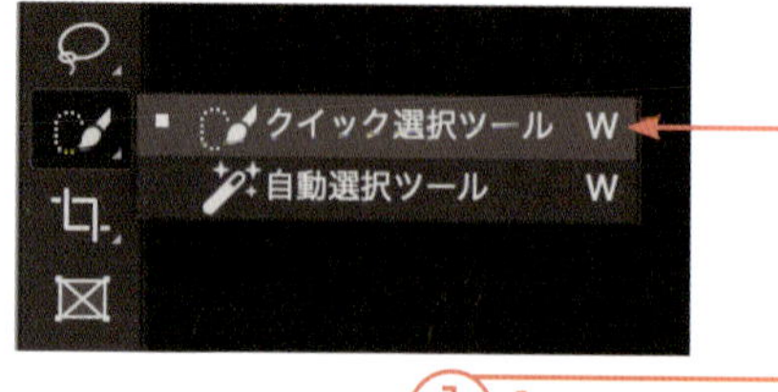

①【クイック選択ツール】を選択

3 選択範囲をクリック

画像内の選択したい範囲内をクリックします②。

ドラッグで選択

クリックした位置からマウスをドラッグします③。ドラッグした場所の周辺にある色が識別されて、自動的に範囲が選択されます。

Point ブラシの直径を変える

「クイック選択ツール」を選ぶと、メニューバーの下部分にオプションバーが出てきます。ここではブラシの直径を変えることができます。ブラシの直径が大きいほど、一度のドラッグで選択される範囲が広くなります。広い範囲を選択する場合は直径の大きなブラシ、狭い場合は直径の小さなブラシなど、使い分けると良いでしょう。

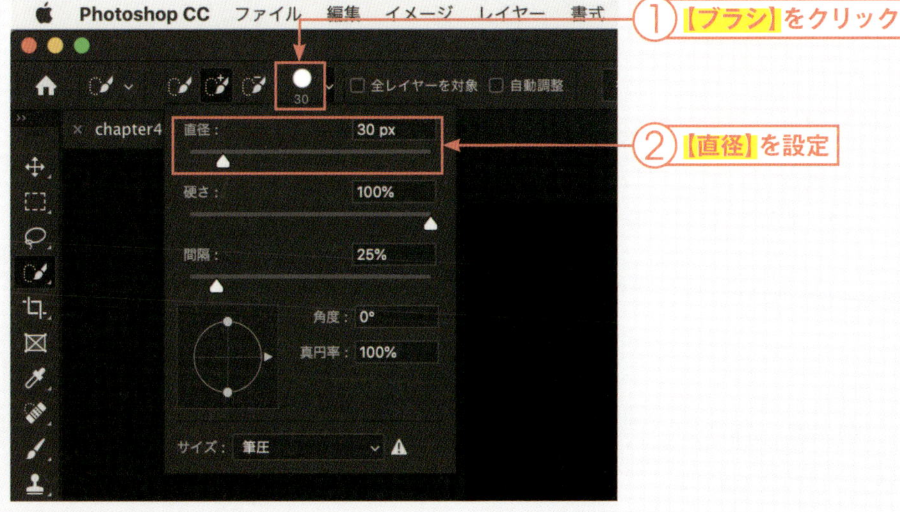

Point 輪郭に沿って切り抜く

クイック選択ツールで輪郭に沿って選択し、その状態でメニューバーから【編集 】→【コピー】を選ぶと、輪郭（選択範囲）の内側の画像をクリップボードにコピーすることができます。また、【選択範囲】→【選択範囲を反転】を選択（59ページ）してから delete キーを押せば、輪郭に沿って画像を切り抜くことができます。

▸4-5

Photo_chapter4.jpg

似た色の部分を自動で選択する

自動選択ツール

「自動選択ツール」は、クリックした部分の色を判別して、自動的に似た色の部分を選択してくれます。図形などを選択する際や、特定の色の明るさや色味などを変更する際に使用すると便利な機能です。

画像を開く

Photoshopを開き、編集する画像を読み込みます。

Photo_chapter4.jpg

2 【自動選択ツール】を選択

ツールパネルから**【自動選択ツール】**①を選択します。

①【自動選択ツール】を選択

3 選択する部分をクリック

画像内の選択したい色の部分をマウスでクリックします②。

4 範囲を選択

クリックした部分と似た色の範囲が自動的に選択されます。

Point 許容値で選択できる色の範囲を変える

「自動選択ツール」を選ぶと、メニューバーの下にオプションバーが表示されます。ここにある【許容値】は、一度のクリックで選択する色の範囲を表しており、この値が大きければ大きいほど、一度に選択する色の範囲が広くなります。

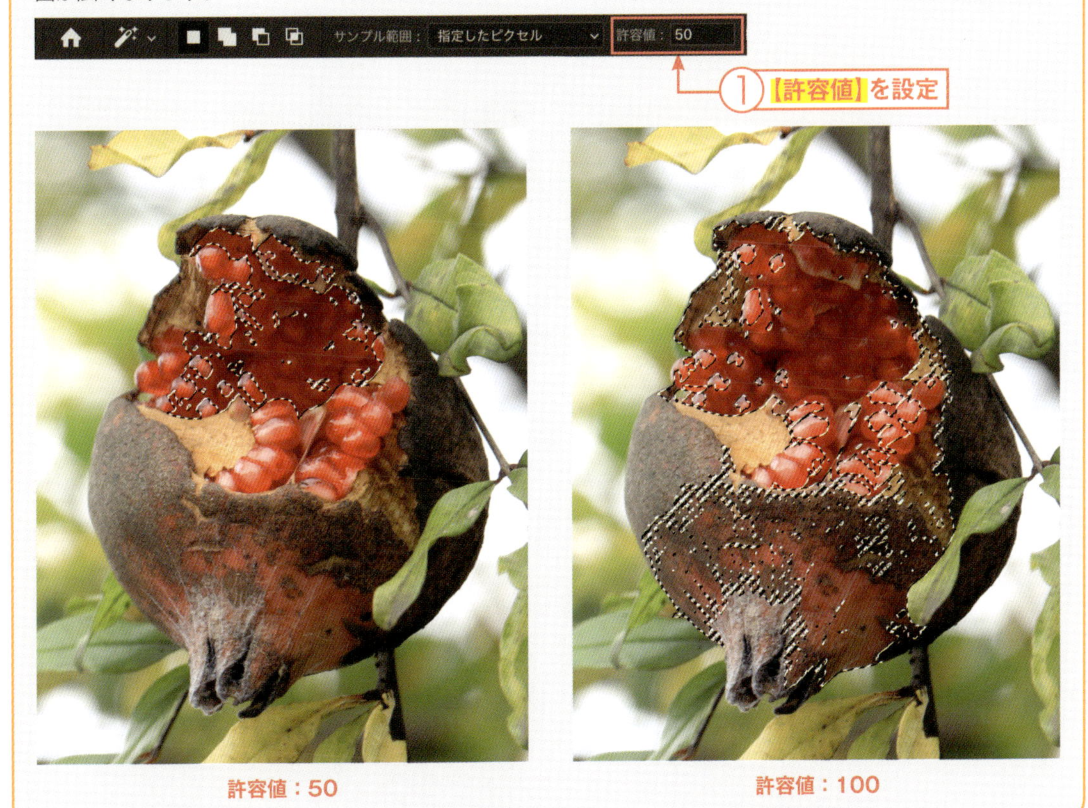

許容値：50　　許容値：100

4-6

Sample_4-6.psd　Photo_chapter4.jpg

選択した範囲を保存・編集する

選択範囲を保存

選択範囲はあくまでも、その画像を編集している最中の一時的なものです。作業の途中でドキュメントを保存しても、選択範囲は保存されません。選択範囲を保存して、いつでも編集作業に戻れるようにしましょう。

選択範囲を保存する

作成した選択範囲を保存します。保存した選択範囲は、いつでも読み込んで利用可能になります。

1 範囲を選択

Photoshopを開いて画像を読み込み、範囲を選択します①。

Photo_chapter4.jpg

2 【選択範囲を保存】を選択

メニューバーから【選択範囲】→【選択範囲を保存】②を選択します。

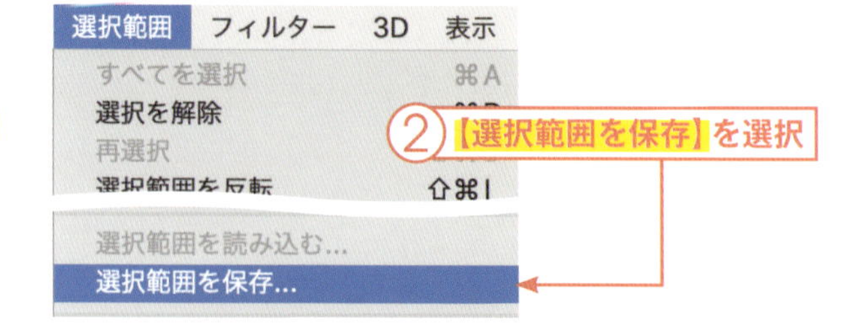

3 範囲を保存

「選択範囲を保存」ダイアログで、【OK】③をクリックします。

名前の設定は任意です。省略すると「アルファチャンネル1」のように自動的に設定されます。

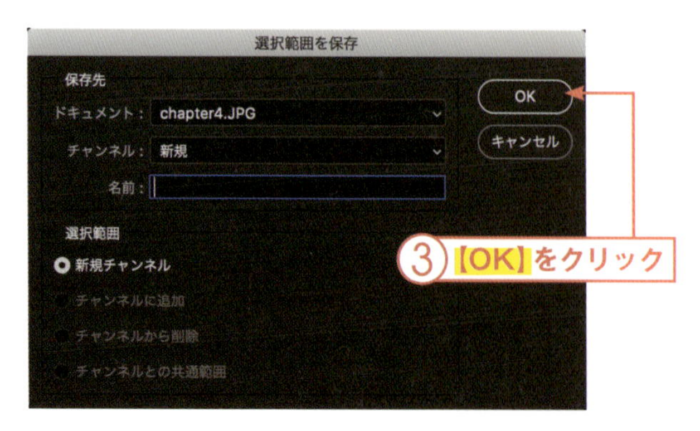

完成 Sample_4-6.psd

範囲が保存されます。保存した範囲は、「チャンネル」パネルで確認することができます。

「チャンネル」パネルは、メニューバーから【ウィンドウ】→【チャンネル】を選択することで表示されます。

Point アルファチャンネル

範囲は「アルファチャンネル」という形式で保存されます。チャンネルは、画像の色の情報を保存するグレースケール（白黒）のデータのことで、アルファチャンネルは、選択範囲をグレースケールで表したものです。選択範囲を保存して「チャンネル」パネルでアルファチャンネルを選択すると、ドキュメントウィンドウにアルファチャンネルが表示されます。この中で白い部分が選択範囲です。

1 アルファチャンネルを選択

選択範囲の保存（アルファチャンネルの作成）後は、ドキュメントウィンドウの画像の上にアルファチャンネルが重ねて表示されます。アルファチャンネルを非表示にすることで（「チャンネル」パネルで、アルファチャンネルの目のアイコンをクリック）、元のように表示できます。

選択範囲を読み込む

作成したアルファチャンネルを、選択範囲として読み込むことができます。

1 【選択範囲を読み込む】を選択

メニューバーから【選択範囲】→【選択範囲を読み込む】①を選択します。

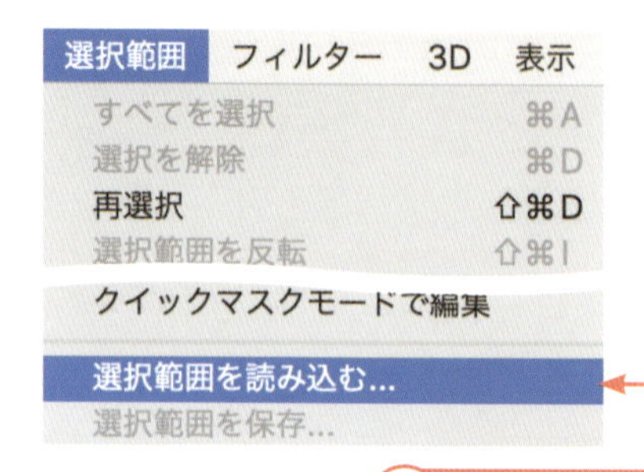

①【選択範囲を読み込む】を選択

2 アルファチャネルを選択

「選択範囲を読み込む」ダイアログで読み込むアルファチャンネル②を選択して、【OK】③をクリックします。

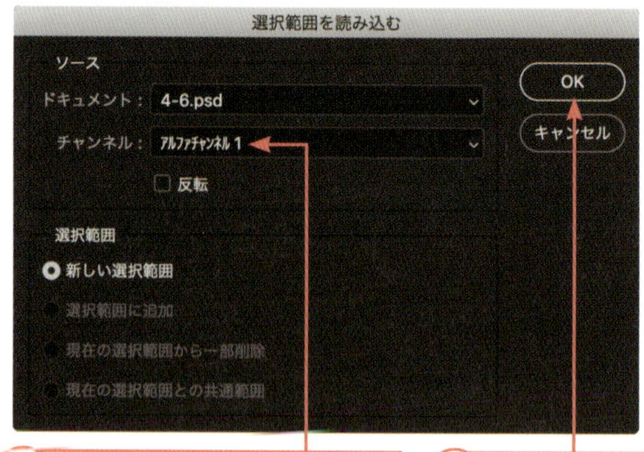

②アルファチャネルを選択 ③【OK】をクリック

3 完成

選択範囲が読み込まれます。

Point アルファチャンネルを編集する

アルファチャンネルは普通の画像と同じように自由に編集できます。大きさや形を自由に変更することが可能です。輪郭に沿って切り抜く場合などに、最初は大まかに選択してからアルファチャンネルとして保存して、細かい部分を調整してから再び範囲として読み込む、といったテクニックも使えます。

第5章

画像の明るさや色を調整する

Photoshopでは、画像を明るくしたり、色を調整したりできます。明るさや色を調整することで、画像をキレイに見せられるだけでなく、一部の色を変更したり、モノクロやセピア調にすることも可能です。細かな調整を覚えられれば、思い通りの画像にすることができるでしょう。この章では、画像の明るさや色を調整する方法をご紹介します。

5-1

Sample_5-1.psd　Photo_chapter5.jpg

暗い写真を明るく調整する

明るさ・コントラスト

画像が暗いときには「明るさ・コントラスト」を使用することで明るく調整できます。暗い場所で撮った写真に効果的です。またコントラストを調整することで、明暗がはっきりしたシャープな画像にすることができます。

1 画像を開く

Photoshopを開き、編集する画像を読み込みます。

Photo_chapter5.jpg

2 【明るさ・コントラスト】を選択

メニューバーから【イメージ】→【色調補正】→【明るさ・コントラスト】①を選択します。

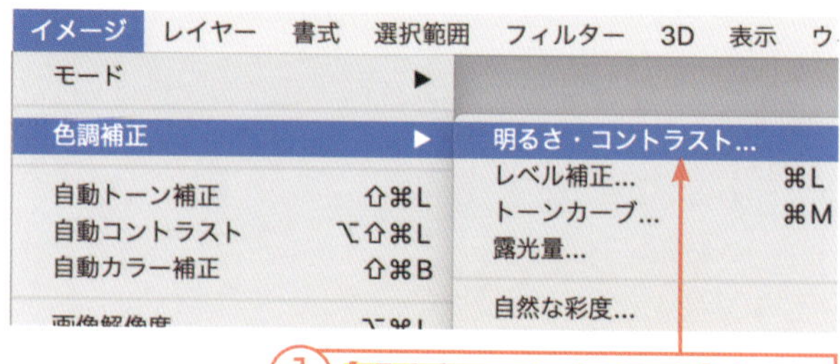

3 明るさを調節

「明るさ・コントラスト」ダイアログで、【明るさ】②のツマミを調整し、【OK】③をクリックします。数値が大きいほど明るくなります。

【プレビュー】をチェックしておくと、ドキュメントウィンドウ上で変化を確認しながら調整することができます。

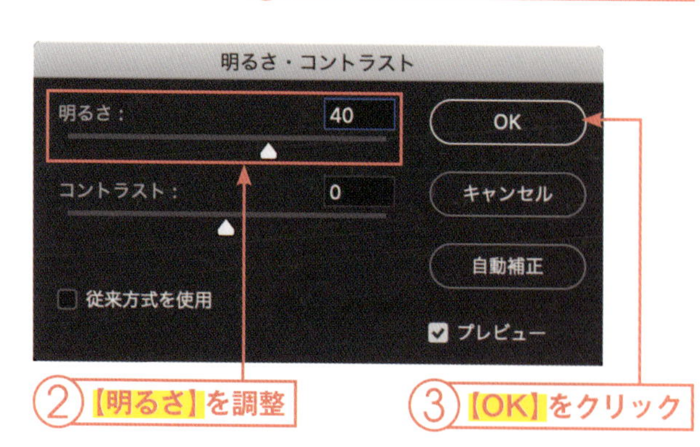

4 完成 Sample_5-1.psd

画像が明るくなりました。ここでは明るさを「40」に設定しています。

明るさ：0

明るさ：40

■「コントラスト」で画像をはっきりさせる

「明るさ・コントラスト」ダイアログで【コントラスト】①のツマミを調整することで、はっきりとした画像にすることが可能です。数値が大きいほど、コントラストがはっきりして画像がシャープになります。

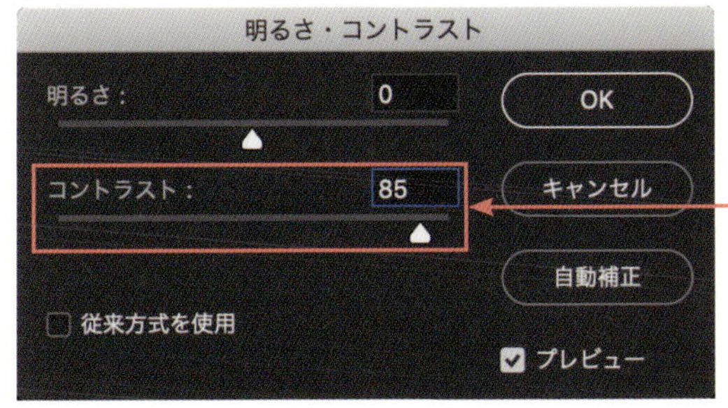

コントラスト：0

コントラスト：85

5-2

Sample_5-2.psd Photo_chapter5.jpg

写真の明るさをより細かく調整する

レベル補正

画像を明るくするには、「レベル補正」を使う方法もあります。「明るさ・コントラスト」を使用するよりも高度ですが、細かい明るさを設定できるため、「明るさ・コントラスト」では明るくなりすぎてしまう場合などに便利です。

1 画像を開く

Photoshopを開き、編集する画像を読み込みます。

Photo_ chapter5.jpg

2 【レベル補正】を選択

メニューバーから【イメージ】→【色調補正】→【レベル補正】①を選択します。

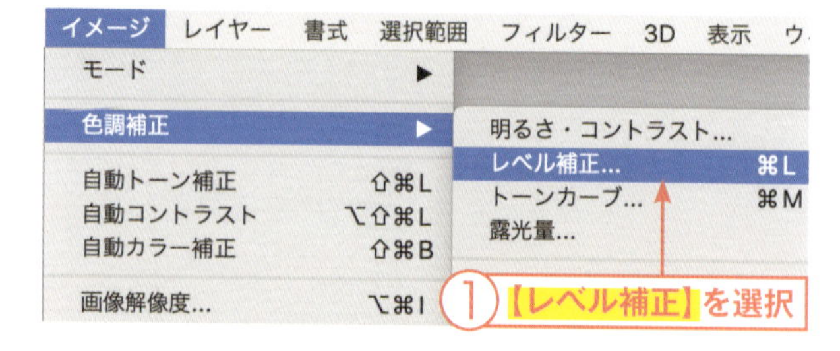

3 【入力レベル】を調整

「レベル補正」ダイアログで、【入力レベル】②のツマミを調整し、【OK】③をクリックします。ツマミは左にいくほど明るくなります。

入力レベルの3つのツマミは、それぞれ自由に動かすことができます。

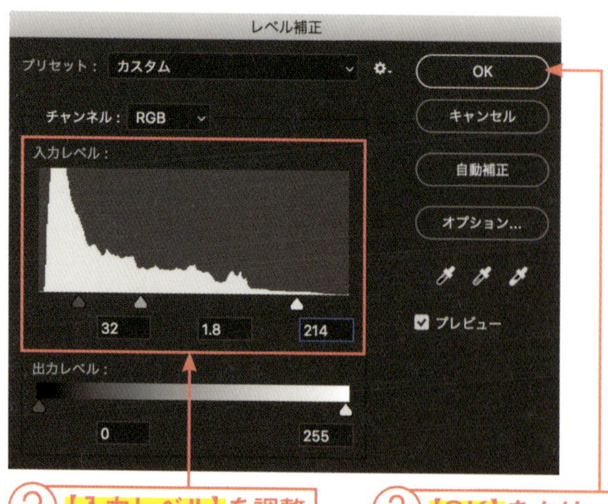

4 完成 Sample_5-2.psd

画像の明るさが調整されました。ここでは「入力レベル」を「32/1.8/214」に設定しています。

入力レベル：0/1.0/255

入力レベル：32/1.8/214

Point 「明るさ・コントラスト」と「レベル補正」の違い

「明るさ・コントラスト」は、単純に画面全体を明るくするのに適しています。非常にわかりやすい反面、狙った明るさにしにくいという欠点があります。対して「レベル補正」は、個々のピクセルの明るさの分布を調整するもので、「明るさ・コントラスト」よりも細かい設定が可能です。明るさ・コントラストでなかなか納得のいく明るさにならない場合は、レベル補正を使うと良いでしょう。

Point 自動補正とチャンネル

レベル補正には「自動補正」機能があります。自動補正を使うことで、Photoshopが自動的に判断して明るさを調整してくれます。またチャンネルを「レッド」「グリーン」「ブルー」にすることで、それぞれの色ごとに細かい調整ができます。

例えば、次の図では【チャンネル】①を「レッド」にしたうえで、「入力レベル」を調整しています。こうすることで、画像の赤色のみを調整することができます。

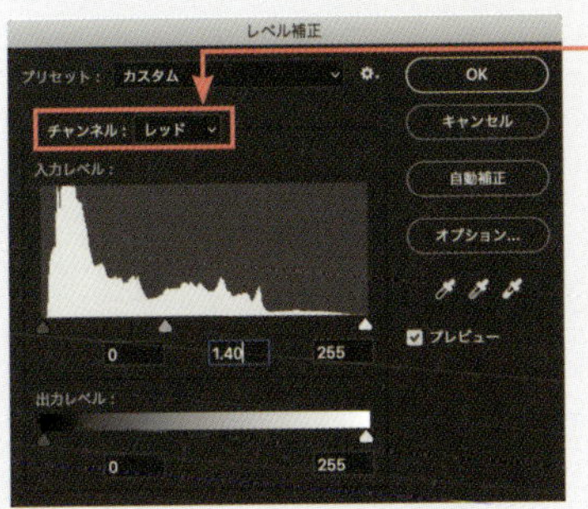

① 【チャンネル】を「レッド」に設定

5-3

Sample_5-3.psd　Photo_chapter5.jpg

写真の色あいや鮮やかさを調整する

色相・彩度

「色相・彩度」では、画像の色相や彩度を変更できます。色相は画像の色あい、彩度は色の鮮やかさを設定することが可能です。これらを調整することで、画像の色味を変えたり、画像の色を鮮やかにしたり、逆に色を抑えたりできます。

1 画像を開く

Photoshopを開き、編集する画像を読み込みます。

Photo_chapter5.jpg

2 【色相・彩度】を選択

メニューバーから【イメージ】→【色調補正】→【色相・彩度】①を選択します。

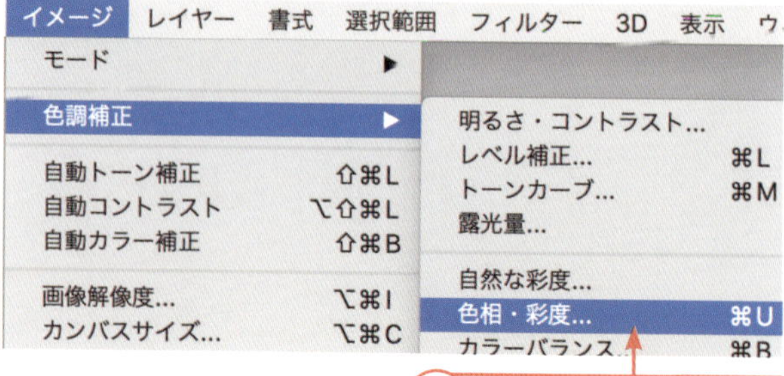

3 色を調整

「色相･彩度」ダイアログで【色相】【彩度】【明度】②のツマミを動かして画像の色を調整し、【OK】③をクリックします。

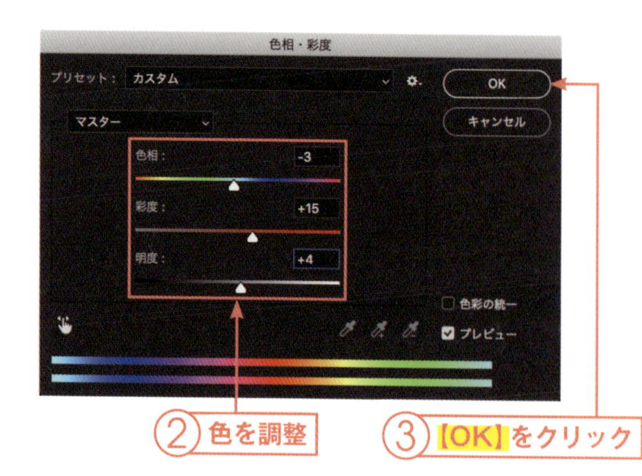

色相	画像の色相を調整します。
彩度	画像の彩度を調整します。ツマミを右に動かすほど、色が鮮やかになります。
明度	画像の明度を調整します。ツマミを右に動かすほど、画像が明るくなります。

4 完成 Sample_5-3.psd

画像の色調整が完了しました。ここでは、色相を「-3」、彩度を「+15」、明度を「+4」に設定しています。

色相/彩度/明度：0/0/0

色相/彩度/明度：-3/+15/+4

Point 特定の色の部分だけ変化させる

「色相・彩度」ダイアログの左下にある人差し指のマーク ①を押した状態で画像内をマウスクリックすると、クリックした部分の色だけを変更することができます。これを使えば、服の色を変えたり、緑だけ鮮やかにしたりといったことが可能です。

▸5-4

Sample_5-4.psd　Photo_chapter5.jpg

写真の色をより細かく調整する

カラーバランス

「カラーバランス」を使うと、画像の色をより細かく調整できます。写真の赤みを抑える、逆に赤みを強くするなど、特定の色に絞って調整することも可能です。赤だけでなく黄色や青、緑といった色にすることもできます。

1 画像を開く

Photoshopを開き、編集する画像を読み込みます。

Photo_chapter5.jpg

2 【カラーバランス】を選択

メニューバーから【イメージ】→【色調補正】→【カラーバランス】①を選択します。

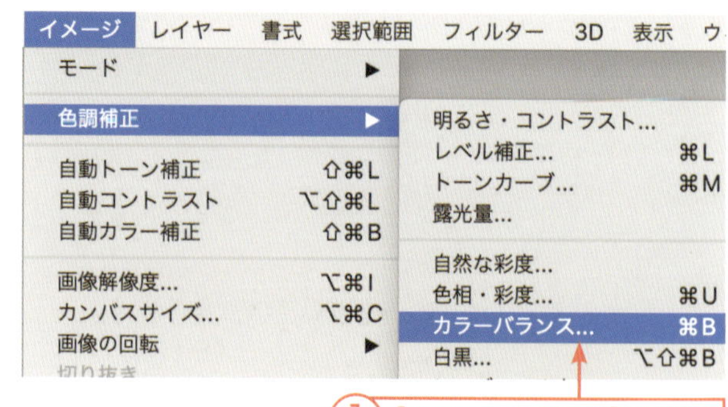

①【カラーバランス】を選択

3 【カラーレベル】を調整

「カラーバランス」ダイアログで、【カラーレベル】②のツマミを動かして画像の色を調整し、【OK】③をクリックします。ツマミはバーの両端の色名の方に動かすほど、その色味が強くなります。

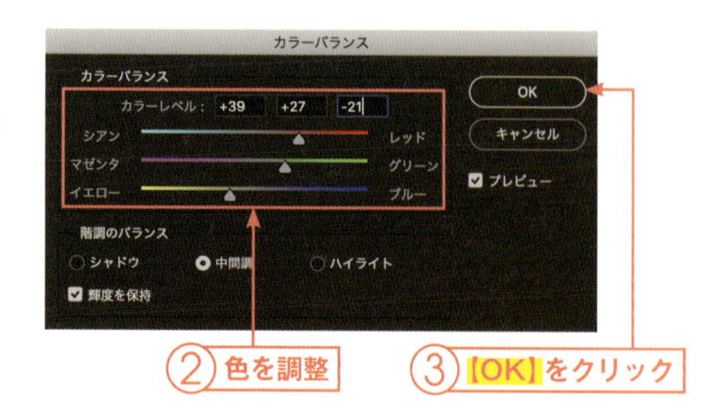

②色を調整

③【OK】をクリック

4 完成 Sample_5-4.psd

画像の色調整が完了しました。ここでは、「カラーレベル」を「+39/+27/-21」に設定しています。

カラーレベル：0/0/0

カラーレベル：+39/+27/-21

Point 階調のバランス

「カラーレベル」ダイアログで【階調のバランス】を選択すると、画像の暗い部分、明るい部分などの色を調整できます。「シャドウ」は暗い部分、「ハイライト」は明るい部分です。デフォルトで選ばれているのは「中間色」になります。

Point 選択した範囲だけを調整する

カラーバランスで色を調整する際に、編集する範囲を選択をしなかった場合、画像全体の色が調整されます。選択ツールで一部を選択した場合には、選択した部分のみ調整されます。

▸5-5

Sample_5-5.psd　Photo_chapter5.jpg

写真をモノクロやセピア調にする

白黒

Photoshopでは、「白黒」機能を使って、画像をモノクロにすることも可能です。またモノクロだけではなく、セピア調にしたり、モノクロの濃淡を調整したりすることもできます。モノクロで画像を印刷するときなどに使用すると良いでしょう。

1 画像を開く

Photoshopを開き、編集する画像を読み込みます。

Photo_chapter5.jpg

2 【白黒】を選択

メニューバーから【イメージ】→【色調補正】→【白黒】①を選択します。

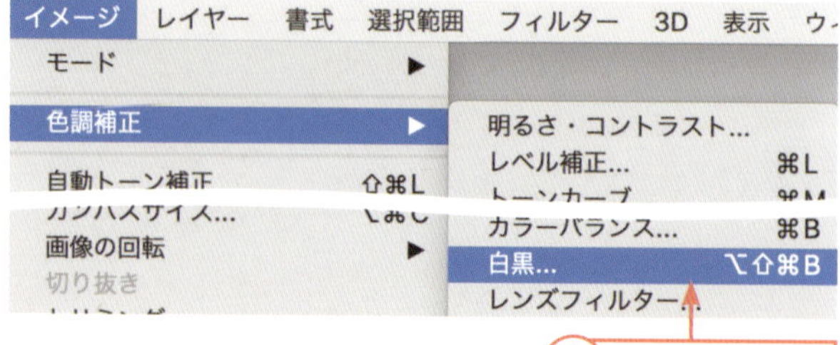

3 白黒に変換

「白黒」ダイアログが表示されるので、【OK】②をクリックします。

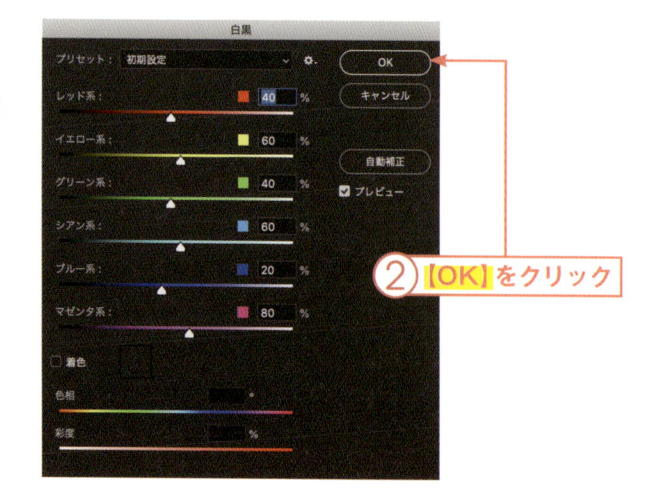

4 完成 Sample_5-5.psd

写真がモノクロに変換されました。

Point モノクロの濃淡を調整する

モノクロの濃淡は、ツマミを動かすことで元画像の色ごとに調整できます。たとえば赤の色を濃くしたい場合には、レッド系のツマミを左側に動かします。逆に薄くしたい場合には、ツマミを右側に動かしましょう。また【プリセット】①を選択すると、そのプリセットにあらかじめ設定されている通りの濃淡になります。

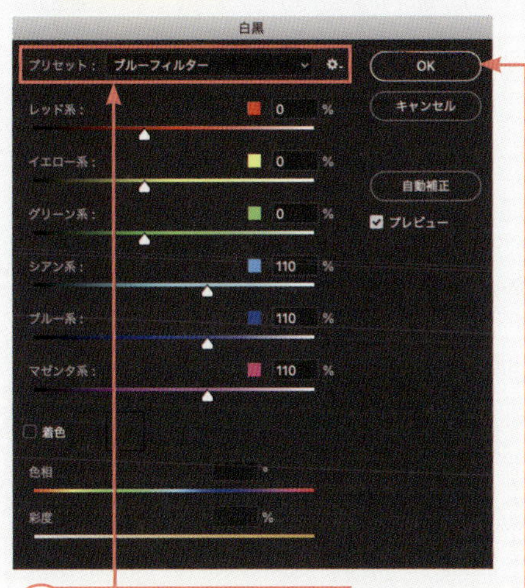

①【プリセット】を選択

②【OK】をクリック

プリセット：初期設定

プリセット：ブルーフィルター

■ 写真をセピア調にする

　モノクロを応用して、セピア調や単色のカラーにすることもできます。やり方は、「白黒」ダイアログの下部にある【着色】①にチェックを入れ、【色相】②などでベースとなる色を指定するだけです③。

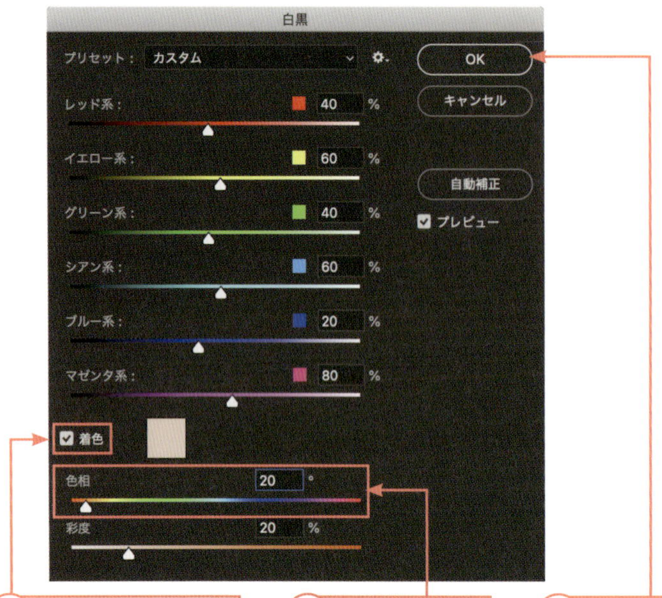

① 【着色】をチェック　② 【色相】を設定　③ 【OK】をクリック

色相：20

色相：199

第6章

画像を修正する

元の画像に不必要な汚れがあったり、撮影の際の手ぶれで画像がぶれていたりしたことはありませんか？ Photoshopでは、画像に付いてしまった汚れを消したり、手ぶれを補正したりすることもできます。こうした修正を覚えておくと、厄介な画像でも十分キレイな画像にすることが可能です。この章では少し困った画像の修正方法についてご紹介します。

▸6-1 Sample_6-1.psd Photo_chapter6a.jpg

写真のしみや汚れを消す

スポット修復ブラシ

「スポット修正ブラシツール」と使うと、しみや汚れなどを消すことができます。画像の中に汚れがある場合や、しみや汚れが付いている服などがあった場合、スポット修正ブラシを使って消すと良いでしょう。

1 画像を開く

Photoshopを開き、編集する画像を読み込みます。

Photo_chapter6a.jpg

2 【スポット修復ブラシツール】を選択

ツールパネルから【スポット修正ブラシツール】①を選択します。

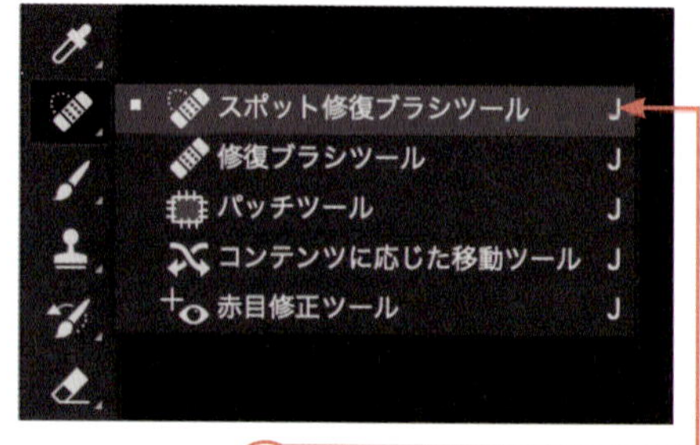

①【スポット修復ブラシツール】を選択

3 マウスでなぞる

消したいしみや汚れをなぞるようにドラッグします②。

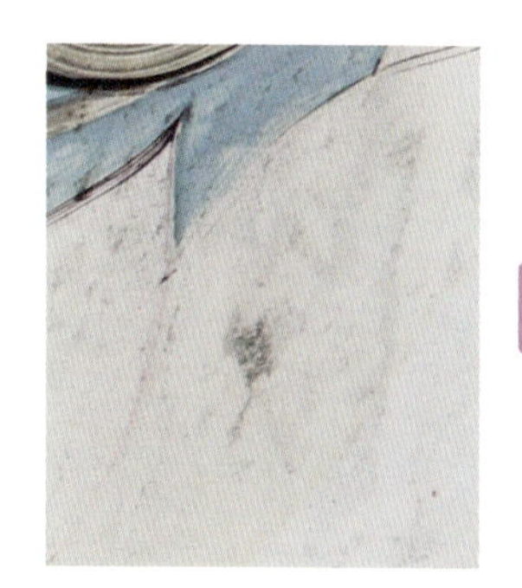

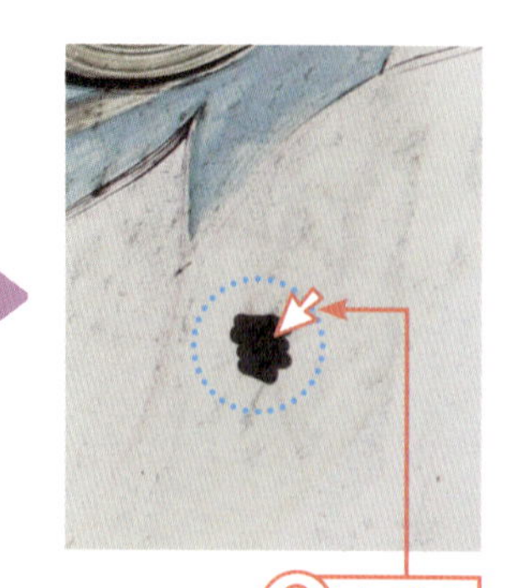

②なぞる

汚れが消えました。

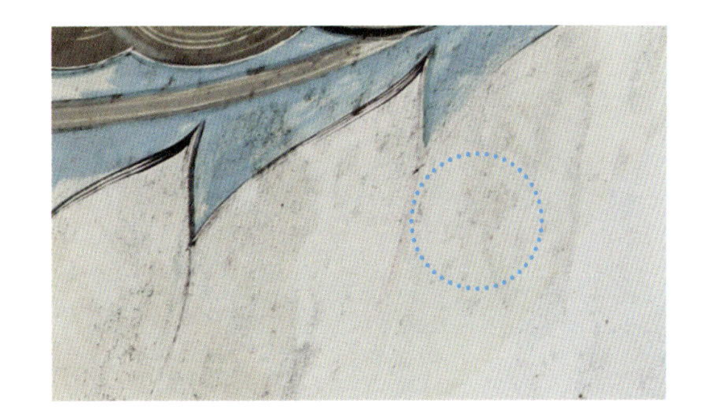

Point 修復の範囲や仕方の変更

ツールパネルで「スポット修正ブラシツール」を選択すると、メニューバーの下にオプションバーが表示されます。そこではなぞる際のブラシの大きさを変更可能です。ブラシが大きいほど広い範囲を修復できます。**【種類】**では修復の仕方を選択することができます。通常は「コンテンツに応じる」を選んでおくと良いでしょう。

モード：通常　種類：コンテンツに応じる　テクスチャを作成　近似色に合わせる

スポット修復ブラシツールのオプションバー

Point 「背景」を通常のレイヤーにする

「jpg」や「png」などの画像ファイルをPhotoshopで開くと、「背景」レイヤーとして画像が表示されます。「背景」は特殊なレイヤーで、一部の編集機能が使えなくなっています。画像の修復や加工を行う際には、「背景」を通常のレイヤーに変換してから作業を行いましょう。

「背景」を通常レイヤーにするには、「レイヤー」パネルで「背景」を選択した状態で、メニューバーから**【レイヤー】→【新規】→【背景からレイヤーへ】**①を選択します。レイヤーの名前は任意のもので構いません。特に設定しない場合は「レイヤー0」と命名されます。

逆にレイヤーを「背景」にする場合には、「レイヤー」パネルで「背景」にするレイヤーを選び、メニューバーから**【レイヤー】→【新規】→【レイヤーから背景へ】**を選択します。

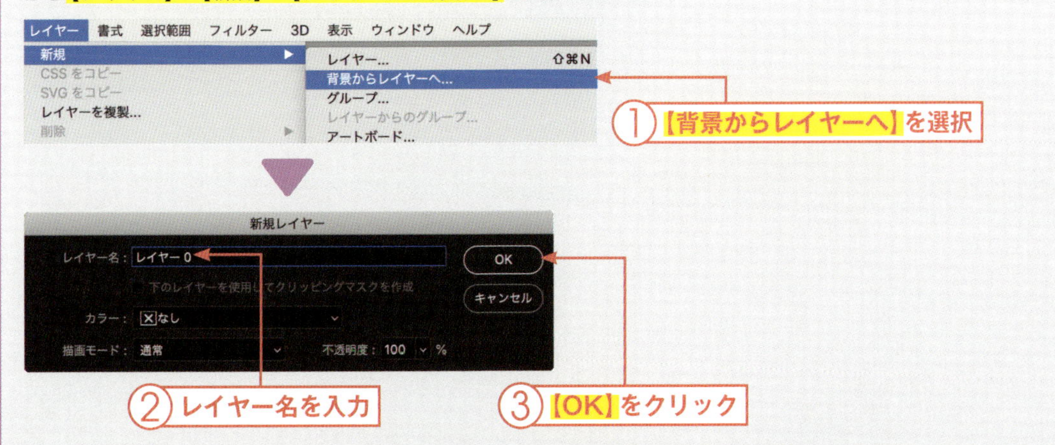

6-1 スポット修復ブラシ

6-2

Sample_6-2.psd　Photo_chapter6a.jpg

写真のしみや汚れを覆い隠す

修復ブラシ

「修正ブラシツール」では、しみや汚れを消すのではなく、画像の一部をコピーして覆い被せて見えなくします。覆い隠すことが基本となるため、覆うものはできるだけ覆い先と色の近い場所を選ぶことがコツです。自然と馴染むような色を選びましょう。

1 画像を開く

Photoshopを開き、編集する画像を読み込みます。

Photo_chapter6a.jpg

2 【修復ブラシツール】を選択

ツールパネルから【修復ブラシツール】①を選択します。

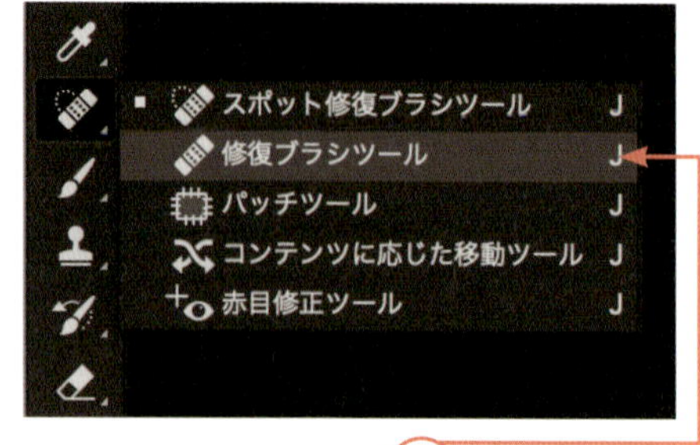

3 画像をクリック

option キー（Windowsでは alt キー）を押しながら、画像の一部をクリックで選択します②。クリックした部分の画像を、しみや汚れの上に覆い被せていきます。

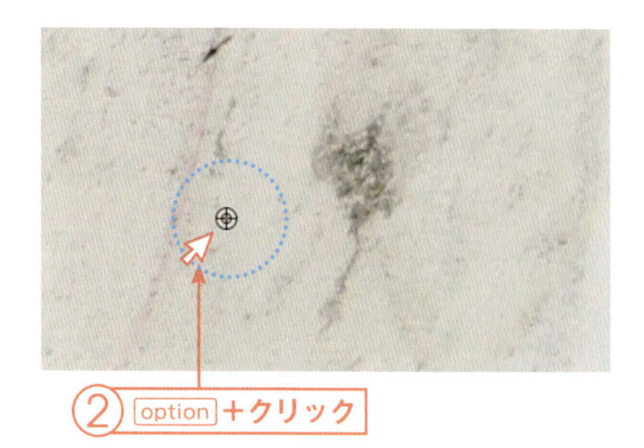

4 マウスでなぞる

しみや汚れの上でマウスでなぞります③。

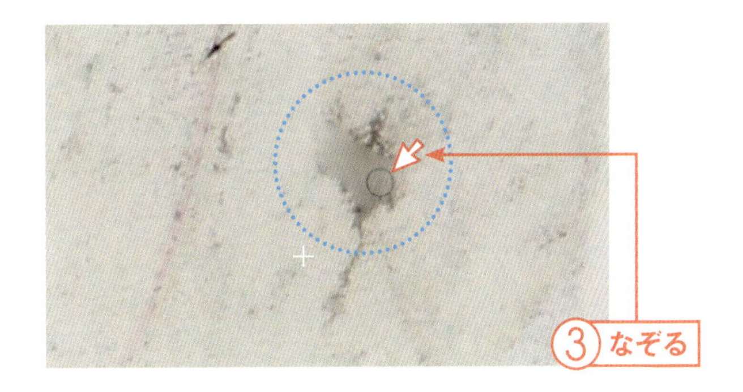

5 完成 Sample_6-2.psd

しみや汚れが覆い隠されます。

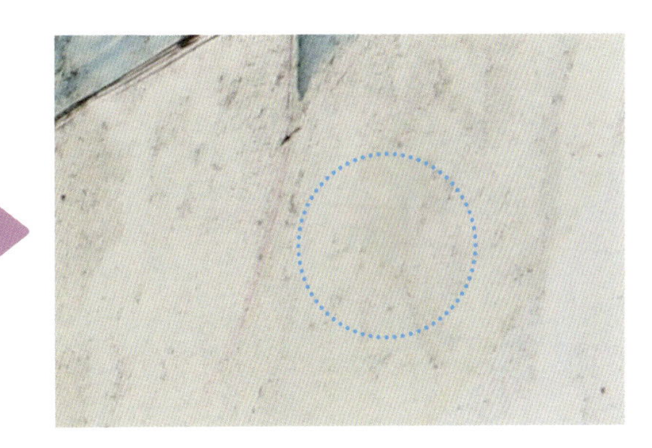

Point スポット修正ブラシと修正ブラシの使い分け

スポット修正ブラシと修正ブラシは、どちらも同じ汚れを消すツールです。そのため、どちらを使って修正すべきか迷うことがあると思います。

スポット修正ブラシは、自動的に周囲の色と馴染ませて汚れを消すツールです。そのため範囲が大きいと、馴染ませたくない部分まで馴染ませてしまう可能性があります。一方修正ブラシは、自分で覆うポイントを決められるため、範囲が広くても修正しやすいのが特徴です。

以上のことから、小さい汚れを消す場合にはスポット修正ブラシ、大きい汚れを消す場合には修正ブラシと使い分けると良いでしょう。

Point パターンを使って修復する

修復ブラシは、画像の一部をコピーして覆い被せる部品として使います。その他にも、事前に用意しておいたパターンを使って修復を行うこともできます。修復ブラシのオプションバーで【ソース】を「パターン」にすると、修復に利用するパターンを選択することができます。パターンは事前に用意されているものの他に、自分で追加することもできます。

6-3

Sample_6-3.psd　Photo_chapter6b.jpg

人物写真の赤目を修正する

赤目修正ツール

「赤目修正ツール」を使うと、赤目になってしまった写真を補正できます。暗い場所でのフラッシュなどで赤目になってしまった場合、このツールで修正しましょう。赤目修正ツールでは、瞳の大きさや暗さも調整できます。

1 画像を開く

Photoshopを開き、編集する画像を読み込みます。

Photo_chapter6b.jpg

2 【赤目修正ツール」を選択

ツールパネルから【赤目修正ツール】①を選択します。

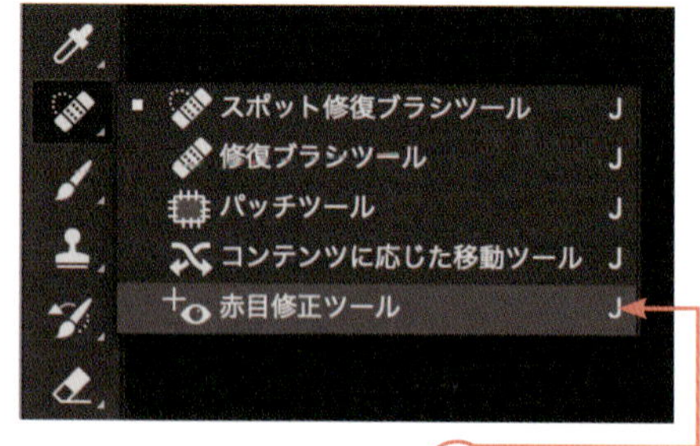

3 赤目部分をクリック

赤目の上にカーソルを合わせてクリックします③。

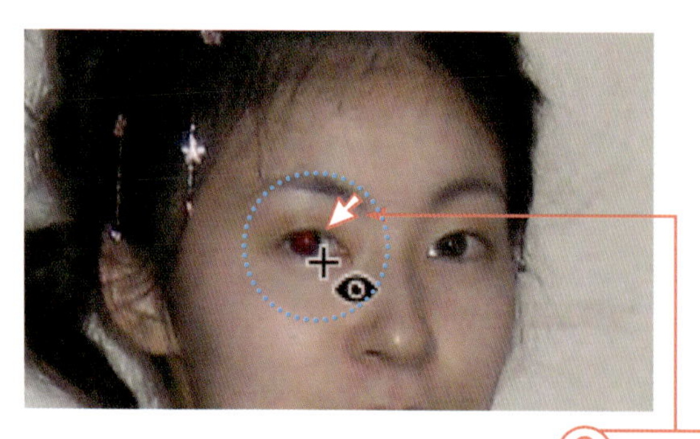

4 完成 Sample_6-3.psd

赤目が修正されました。

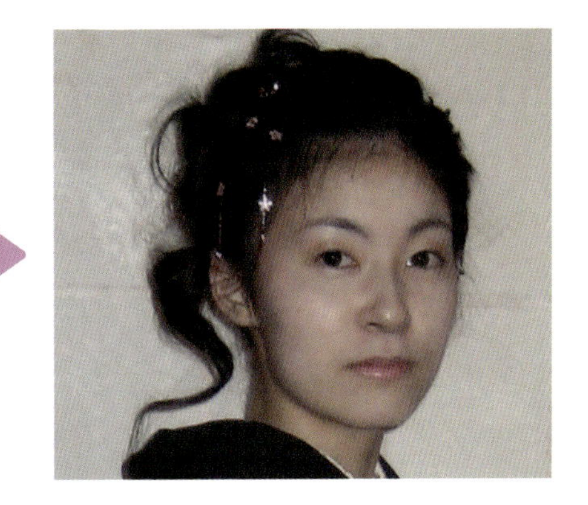

Point 瞳の大きさや暗さを指定する

ツールパネルで「赤目修正ツール」を選択すると、メニューバーの下にオプションバーが表示されます。ここで、修正後の瞳の大きさや暗さなどを指定することが可能です。

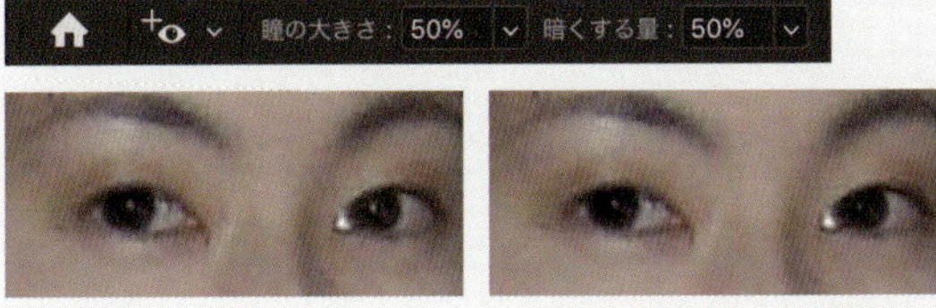

暗くする度：1%　　暗くする量：100%

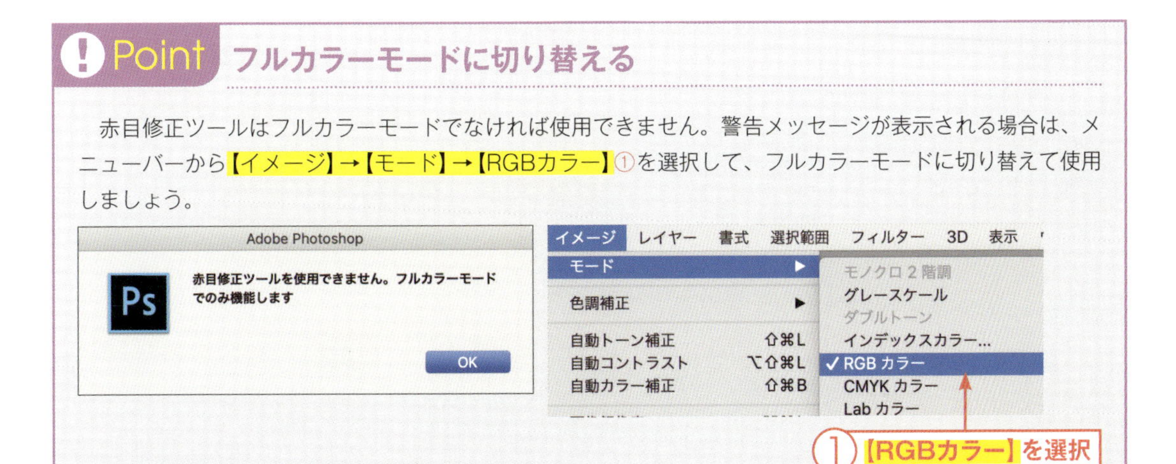

Point フルカラーモードに切り替える

赤目修正ツールはフルカラーモードでなければ使用できません。警告メッセージが表示される場合は、メニューバーから【イメージ】→【モード】→【RGBカラー】①を選択して、フルカラーモードに切り替えて使用しましょう。

①【RGBカラー】を選択

▸6-4

Sample_6-4.psd　Photo_chapter6c.jpg

手ぶれ写真をシャープに補正する

ぶれの軽減

写真を撮影していて、ぶれてしまった経験はありませんか？ Photoshopでは、ぶれてしまった写真を「ぶれの軽減」を使用することで修正できます。暗い場所で撮影した写真や、手ぶれが起きやすい状況で撮影した写真も、このツールを使えば簡単にぶれを直せます。

1 画像を開く

Photoshopを開き、編集する画像を読み込みます。

Photo_chapter6c.jpg

2 【ぶれの軽減】を選択

メニューバーから【フィルター】→【シャープ】→【ぶれの軽減】①を選択します。

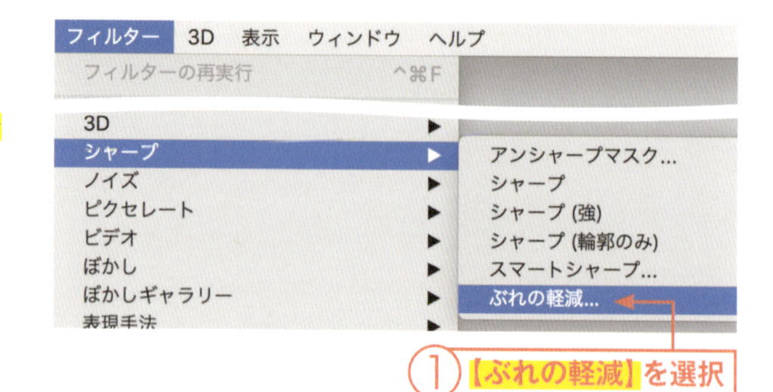

3 「ぶれの軽減」ウィンドウ

「ぶれの軽減」ウィンドウが開きます。

4 ディテールの調整

ディテールを調整します。ここでは、【ぼかしトレーシングの境界】②を「41」に設定しています。設定ができたら、【OK】③をクリックします。

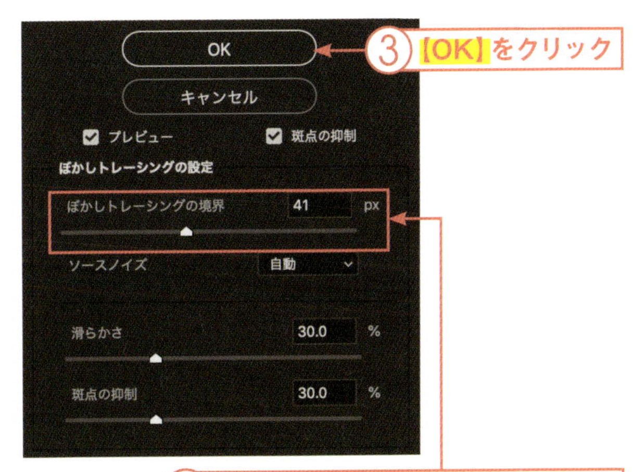

ぼかしトレーシングの境界	ぼかしの範囲を設定します。
ソースノイズ	ノイズの量を調整します。
滑らかさ	画像の滑らかさを設定します。低くするとシャープになります。
斑点の制御	シャープにしたことで目立つノイズの斑点を軽減します。

4 完成 Sample_6-4.psd

手ぶれが軽減されました。

Point ディテールのプレビュー

ディテールに表示されるプレビューは、大きさや位置を変更できます。プレビューを確認しながら設定していくと、狙った状態にしやすいでしょう。

▸6-5 Sample_6-5a.psd~6-5b.psd Photo_chapter6d.jpg

写真のノイズを軽くする

ノイズを軽減

「ノイズを軽減」を使うと、ノイズが軽減されます。撮影した写真のノイズが多い場合や、肌をキレイに見せたい場合に活用すると良いでしょう。またノイズは「ダスト＆スクラッチ」を応用することでも軽減可能です。

1 画像を開く

Photoshopを開き、編集する画像を読み込みます。

Photo_chapter6d.jpg

2 【ノイズを軽減】を選択

メニューバーから【フィルター】→【ノイズ】→【ノイズを軽減】①を選択します。

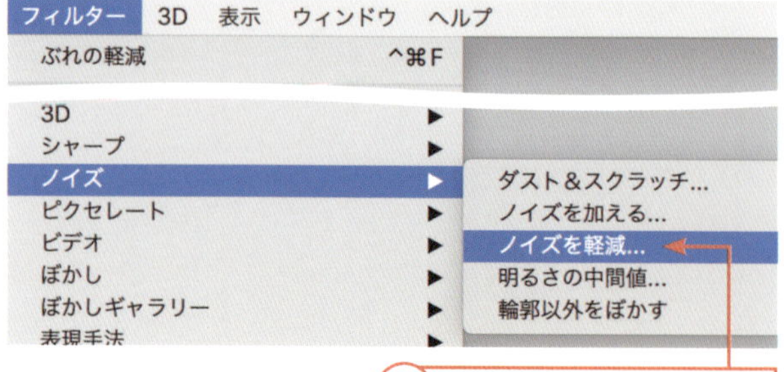

① 【ノイズを軽減】を選択

3 「ノイズを軽減」ウィンドウ

「ノイズを軽減」ウィンドウが開きます。

4 ノイズを調整

ノイズを調整して②、【OK】③をクリックします。ここでは【強さ】を「8」、【ディテールを保持】を「60」、【カラーノイズを軽減】を「45」、【ディテールをシャープに】を「25」にしています。

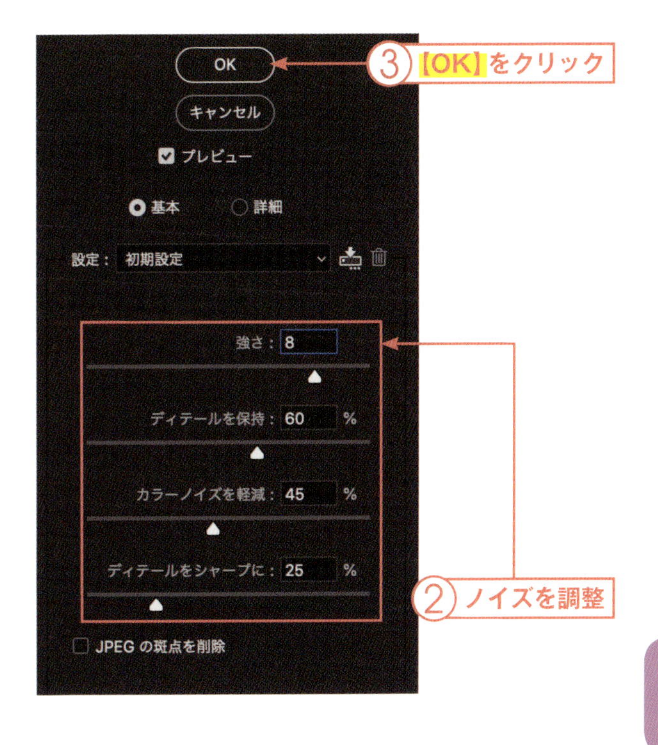

強さ	軽減するノイズの量を設定します。
ディテールを保持	画像のディテールをどの程度保持するか設定します。小さくするほどノイズが軽減されますが、その分ディテールは保持されなくなります。
カラーノイズを軽減	不規則なカラーノイズを軽減します。大きいほどカラーノイズが軽減されます。
ディテールをシャープに	画像をシャープにする度合いです。小さくするほどノイズは軽くなります。

5 完成 Sample_6-5a.psd

ノイズが軽減されました。

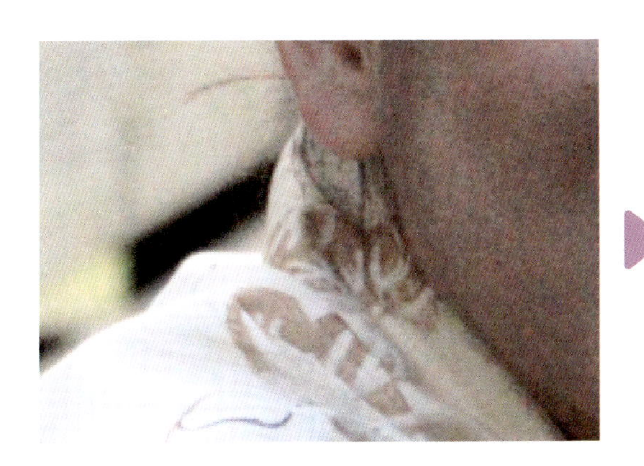

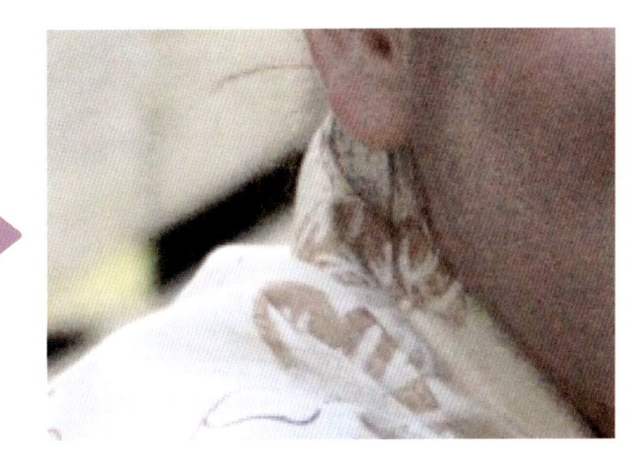

■ ダスト&スクラッチでノイズを軽くする

ノイズは「ダスト&スクラッチ」を利用しても軽減できます。ダスト&スクラッチは、画像の中にある余計なキズや塵などを消すのに便利なツールです。細かい調整は「ノイズを軽減」、大きな部分は「ダスト&スクラッチ」と使い分けると良いでしょう。

1 【ダスト&スクラッチ】を選択

メニューバーから【フィルター】→【ノイズ】→【ダスト&スクラッチ】①を選択します。

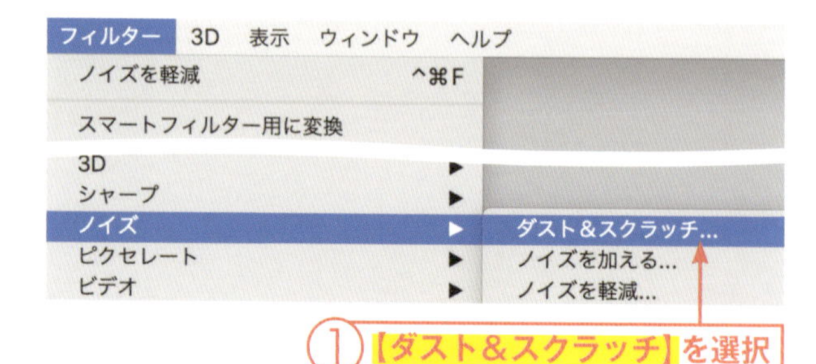

2 【半径】を調節

「ダスト&スクラッチ」ウィンドウが開きます。ここでは【半径】②を「10」に調整して、【OK】③をクリックします。

「半径」は、適用する半径の大きさを変更します。「しきい値」は、画像をシャープにします。大きいほどシャープになります。

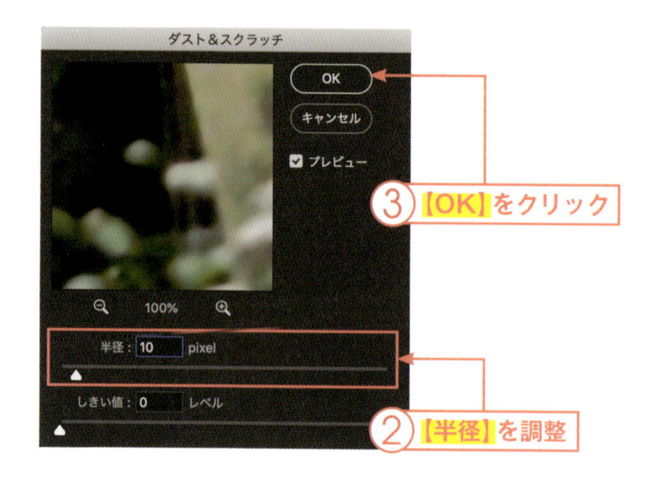

3 完成 Sample_6-5-b.psd

ノイズが軽減されました。

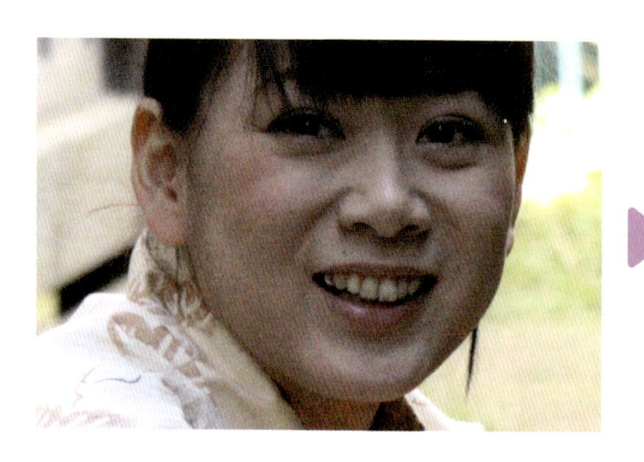

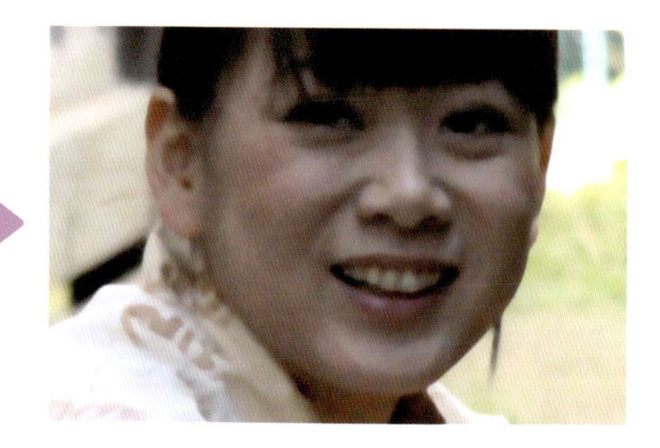

第7章

画像を加工する

Photoshopでは、画像を修正するだけでなく、ぼかしたり、消したりといった大がかりな加工も可能です。全体を大幅に加工することはもちろん、一部をシャープにしたり、特定の色だけを消したりもできます。画像を大幅に変更したい場合や、見え方を工夫したいときに使えます。この章では、画像の加工についてご紹介していきます。

7-1

Sample_7-1.psd　Photo_chapter7.jpg

背景をぼかして被写体を目立たせる

ぼかしツール

「ぼかしツール」では、画像の一部や全体をぼかすことができます。ぼかしツールは、被写体を目立たせたい場合に有効です。被写体を除いた背景をぼかすことで、被写体を目立たせることができます。

1 画像を開く

Photoshopを開き、編集する画像を読み込みます。

Photo_chapter7.jpg

2 【ぼかしツール】を選択

ツールパネルから【ぼかしツール】①を選択します。

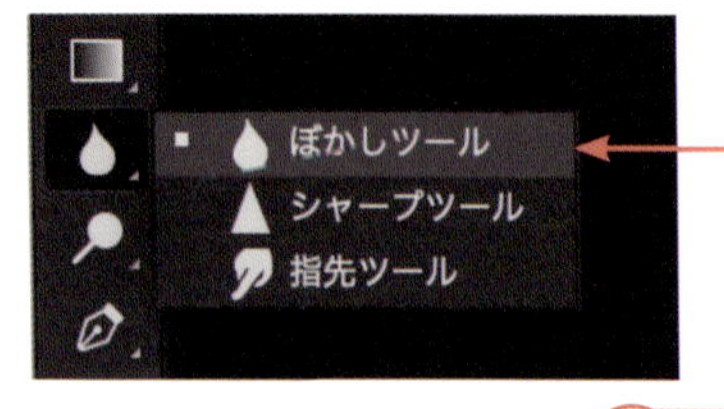

3 画像をなぞる

ぼかしたい部分をなぞるようにドラッグします②。イメージ通りになるまで、何度もなぞってください。

画像を加工する場合は、元画像のレイヤーを複製（44ページ）して編集するようにしましょう。また、「背景」レイヤーは、通常のレイヤーに変換（85ページ）してから編集しましょう。

 完成 Sample_7-1.psd

ドラッグした部分がぼかされました。

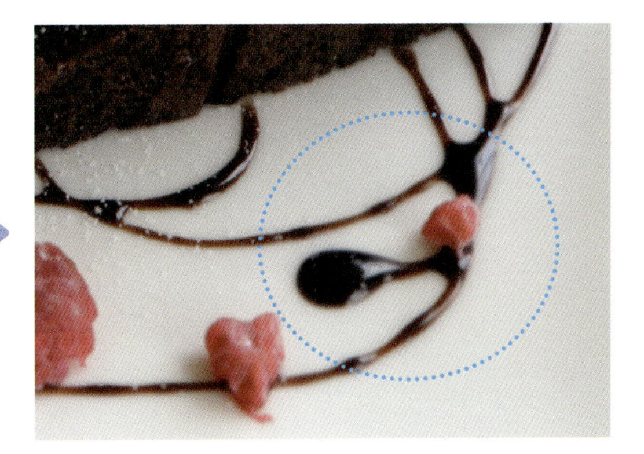

Point ぼかしの範囲や強さを変更する

ツールパネルで「ぼかしツール」を選択すると、オプションバーがメニューバーの下に表示されます。そこで、なぞる際のブラシの種類や直径（大きさ）を変更できます。ブラシの直径が大きいほど、なぞった際にぼかしがかかる範囲が広くなります。**【強さ】**でぼかしのかかり方を調整できます。

「ぼかしツール」のオプションバー

Point 「ぼかし」フィルターでぼかす

ぼかしはフィルターでも可能です。この場合、選択ツールでぼかしたい場所を指定し①、メニューバーから**【フィルター】→【ぼかし】→【ぼかし】**②を選択します。フィルターのぼかしにはいくつかの種類があるので、いろいろ試してみましょう。

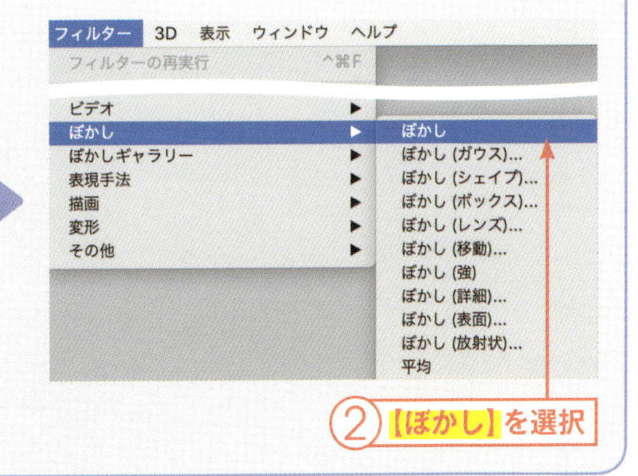

① 範囲を選択

② 【ぼかし】を選択

7-2

Sample_7-2.psd　Photo_chapter7.jpg

被写体の輪郭をシャープではっきりさせる

シャープツール

「シャープツール」を使うと、画像をシャープにすることができます。シャープにすることではっきりとした印象になるため、写真がぶれてぼやけてしまった場合や、被写体の輪郭を目立たせたい場合、不鮮明な写真などに使用すると良いでしょう。

1 画像を開く

Photoshopを開き、編集する画像を読み込みます。

Photo_chapter7.jpg

2 【シャープツール】を選択

ツールパネルから【シャープツール】①を選択します。

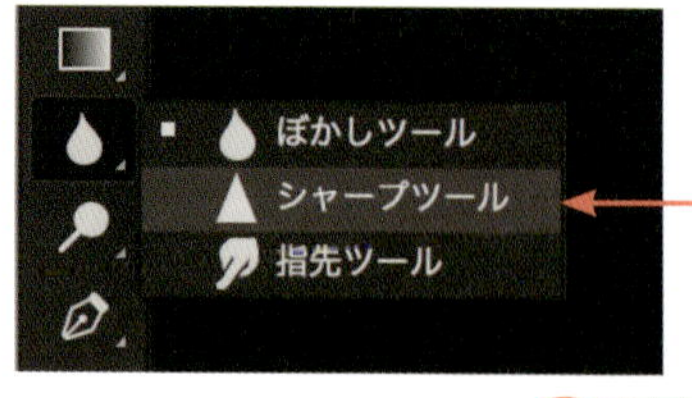

3 画像をなぞる

シャープにしたい部分をなぞるようにドラッグします②。イメージ通りになるまで、何度もなぞってください。

4 完成 Sample_7-2.psd

ドラッグした部分がシャープになりました。

Point シャープにする範囲や強さを変更する

ツールパネルで「シャープツール」を選択すると、オプションバーがメニューバーの下に表示されます。そこで、なぞる際のブラシの種類や直径（大きさ）が変更できます。ブラシのサイズが大きいほど、なぞった際にシャープがかかる範囲が広くなります。**【強さ】**でシャープのかかり方を調整できます。

250 モード：通常 強さ：20%

「シャープツール」のオプションバー

Point フィルターでもシャープにできる

シャープはフィルターでも可能です。この場合、選択ツールでシャープにしたい場所を指定し①、メニューバーから**【フィルター】→【シャープ】→【シャープ】**②を選択します。フィルターのシャープにはいくつかの種類があるので、いろいろ試してみましょう。

①範囲を選択

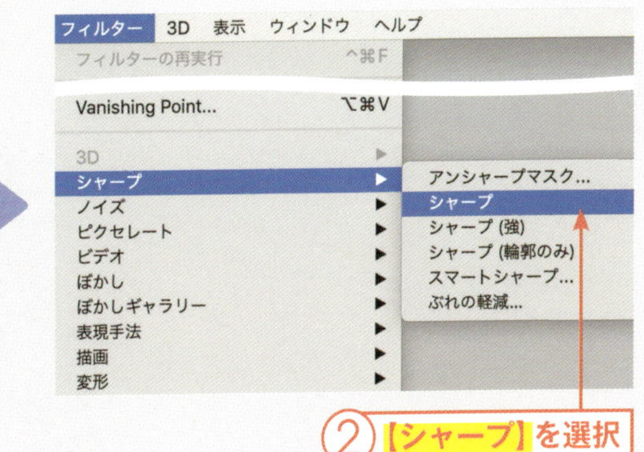

②【シャープ】を選択

▶7-3

Sample_7-3.psd　Photo_chapter7.jpg

画像の一部分を伸ばして広げる

指先ツール

「指先ツール」を使うと、画像の一部を伸ばして広げることができます。絵の具を指で伸ばしたような形になるため、隣の色と馴染ませたい場合や、油絵のような表現をしたいとき、ぶれをわざと出したい場合などに利用できます。

1 画像を開く

Photoshopを開き、編集する画像を読み込みます。

Photo_chapter7.jpg

2 【指先ツール】を選択する

ツールパネルから【指先ツール】①を選択します。

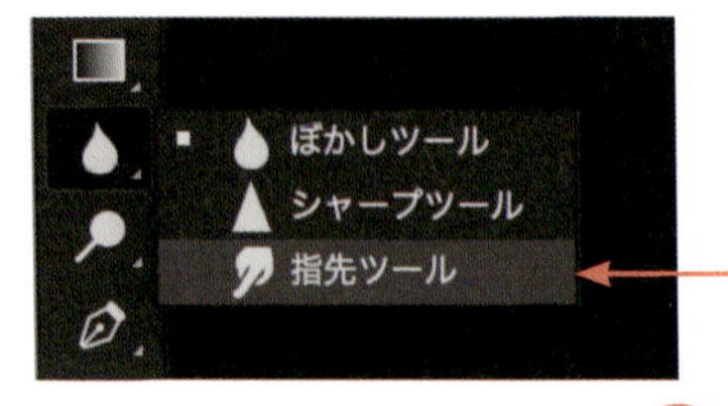

①【指先ツール】を選択

3 画像をなぞる

伸ばしたい部分をなぞるようにドラッグします②。イメージ通りになるまで、何度もなぞってください。

②なぞる

4 完成 Sample_7-3.psd

ドラッグした部分が引き伸ばされました。

Point 引き伸ばす範囲や強さを変更する

ツールパネルで「指先ツール」を選択すると、オプションバーがメニューバーの下に表示されます。そこで、なぞる際のブラシの種類や直径（大きさ）が変更できます。ブラシのサイズが大きいほど、なぞった際に引き伸ばす範囲が広くなります。【強さ】が大きいほど、一度に引き伸ばせる距離が長くなります。

50 モード： 通常 強さ： 50%

「指先ツール」のオプションバー

Point 「変形」フィルターでさまざまな加工ができる

指先ツール以外にも、画像の形を変えてしまうツールがいくつかあります。中でも代表的なのが「変形」フィルターです。

「変形」フィルターでは、選択した部分や画像をつまんだような形や波のような形に変形できます。フィルターを使用する際は、メニューバーから【フィルター】→【変形】を選び、適用するフィルター①を選択します。

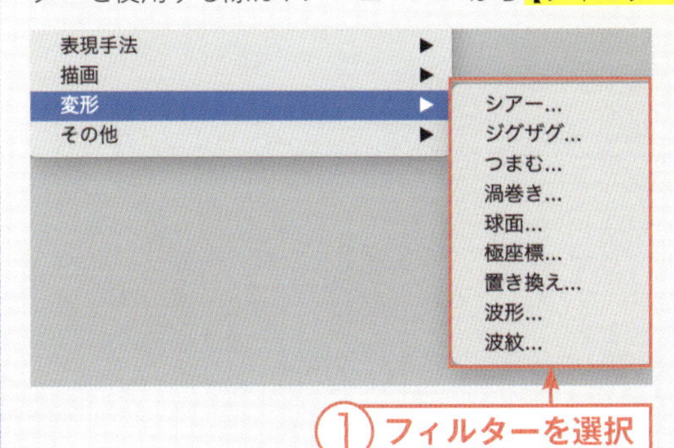

シアー

渦巻き

球面

波形

7-4

Sample_7-4.psd　Photo_chapter7.jpg

画像内の不要な部分を消しゴムで消す

消しゴムツール

「消しゴムツール」を使うと、画像の一部を削除できます。画像の中の不要な部分だけを消したい場合に利用できます。また、画面の一部分だけを半透明にすることも可能です。

1 画像を開く

Photoshopを開き、編集する画像を読み込みます。

Photo_chapter7.jpg

2 【消しゴムツール】を選択

ツールパネルから【消しゴムツール】①を選択します。

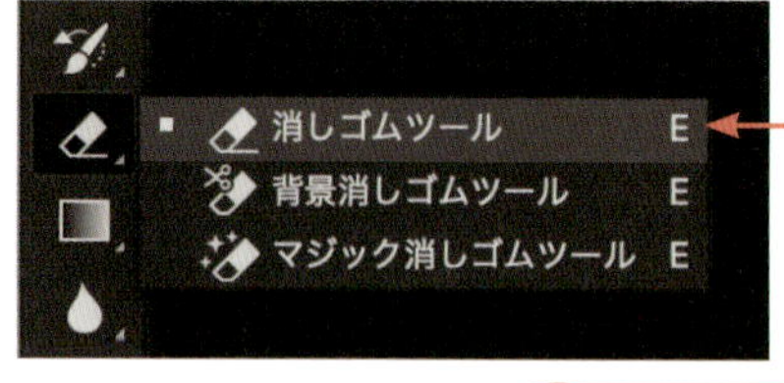

①【消しゴムツール】を選択

3 画像をなぞる

消したい部分をなぞるようにドラッグします②。

②なぞる

4 完成 Sample_7-4.psd

ドラッグした部分が消去されます。

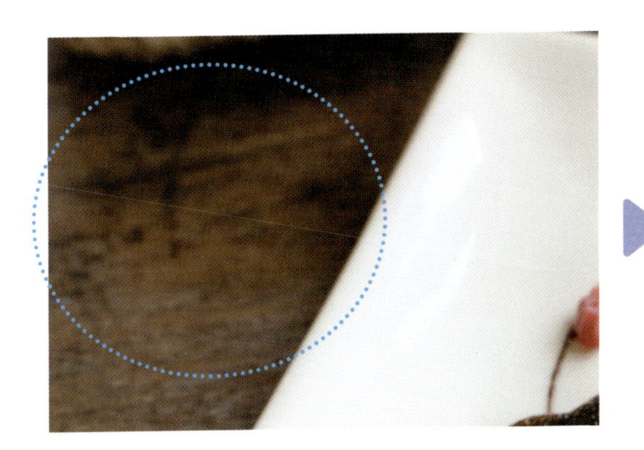

Point 「背景」とレイヤーでは結果が異なる

消しゴムツールは、「背景」と通常のレイヤーでは結果が異なります。「背景」の場合、消した部分は背景色で塗りつぶされます。通常のレイヤーでは、消した部分は透明になります。

Point 画像の一部分を半透明にする

ツールパネルから「消しゴムツール」を選択すると、オプションバーがメニューバーの下に表示されます。そこでは、ブラシの直径（大きさ）や、「不透明度」「流量」を設定できます。

【不透明度】の値を変更することで、消しゴムツールでなぞった部分を半透明にすることができます。不透明度を「100」にすると完全に消去（透明化）され、値が小さいほど透明度が薄くなっていきます。

また、**【流量】**は基本的な部分は不透明度と似ていますが、ブラシの形を残したような状態で引ける線の濃さを表していて、筆で描いたような質感を出すことができます。

「消しゴムツール」のオプションバー

不透明度：10%

不透明度：30%

▸7-5

Sample_7-5.psd　Photo_chapter7.jpg

画像の輪郭に沿って背景を消去する

背景消しゴムツール

「背景消しゴムツール」では、画像内の特定の色のみを選択して消去することができます。背景が似た色になっていて、それを一気に消したい場合に便利なツールです。背景が白い壁一色だったり、青空のみだったりする場合に効果を発揮します。

1 画像を開く

Photoshopを開き、編集する画像を読み込みます。

Photo_chapter7.jpg

2 【背景消しゴムツール】を選択

ツールパネルから【背景消しゴムツール】①を選択します。

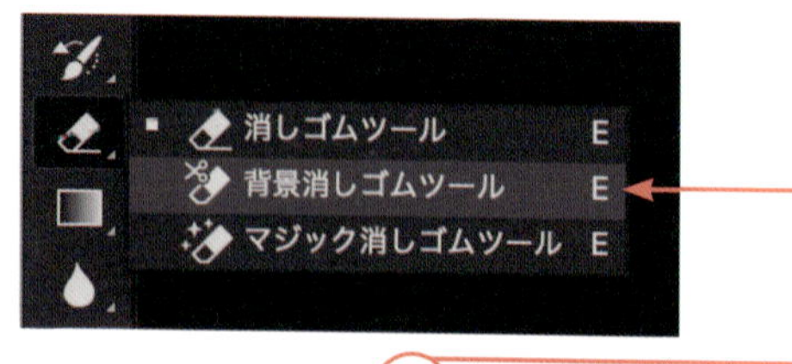

3 ブラシの調節

オプションバーでブラシのサイズ②を調整します。ここでは【直径】③を「300px」に設定しています。

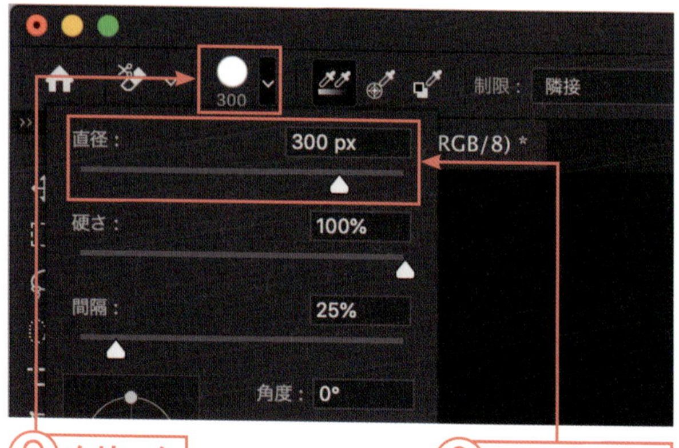

④ 画像をクリック

消したい色がカーソルの中心になるようにクリックします④。

オプションバーで「サンプル：一度」を選択すれば、クリックした部分の色を保持したままドラッグで消去できます。

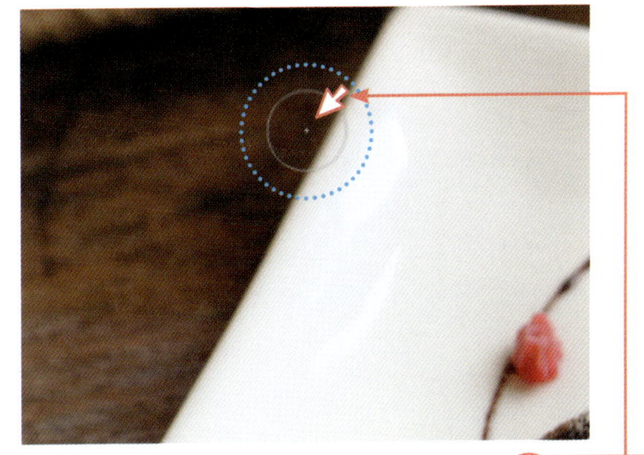

⑤ 完成 Sample_7-5.psd

クリックした場所と近い色の部分だけが消去されます。

「背景」に対して背景消しゴムツールを使用すると、通常のレイヤーに変換されます。

Point 輪郭に沿って消すときのコツ

輪郭に沿って消したい場合には、クリックの際にカーソルの中央が輪郭線を越えないようにしましょう。オプションバーの「制限」で「輪郭検出」を利用すると輪郭をうまく残せます。

【制限】を「隣接」にすると、クリックした場所との間に輪郭線がある場合、似た色があっても輪郭線の向こうの色は消しません。逆に「隣接されていない」では、輪郭線の向こうの似た色も削除します。また、**【許容値】**を大きくすると、消す色の判定が大きくなります。

隣接

隣接されていない

許容値：10%

許容値：30%

7-6

Sample_7-6.psd　Photo_chapter7.jpg

画像内の似た色の部分を一気に消去する

マジック消しゴムツール

「マジック消しゴムツール」を使うと、画像内の似た色の部分を一気に消すことができます。同じような色の背景を一気に消したい場合や、画像から一部の色だけを抜き取りたいときなどに便利です。オプション設定で、削除範囲は自由に設定できます。

1 画像を開く

Photoshopを開き、編集する画像を読み込みます。

Photo_chapter7.jpg

2 【マジック消しゴムツール】を選択

ツールパネルから【マジック消しゴムツール】①を選択します。

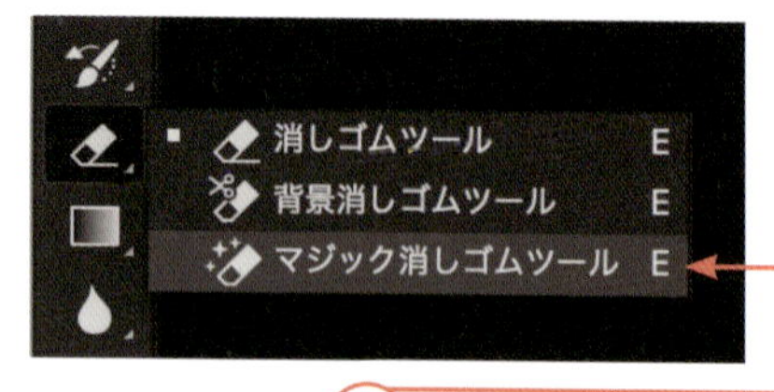

①【マジック消しゴムツール】を選択

3 画像をクリック

画像内の消したい色の部分をクリックします。

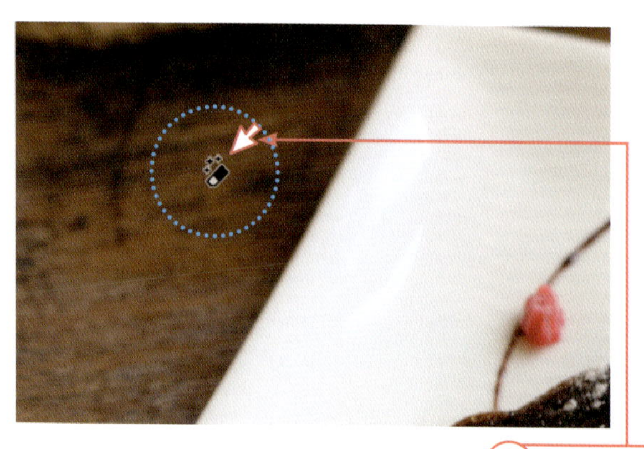

②クリック

完成 Sample_7-6.psd

周辺の似た色の部分が削除されます。

「背景」に対してマジック消しゴムツールを使用すると、通常のレイヤーに変換されます。

削除範囲の設定

ツールパネルから「マジック消しゴムツール」を選択すると、オプションバーがメニューバーの下に表示されます。ここで、クリックした際に消去される範囲を設定することができます。

【許容値】の値が小さいほど判定が精密になり、大きくすると消す色の範囲が広くなります。【隣接】にチェックを入れると、選択した色の間に輪郭などの境界となる線がある場合、似た色があっても境界線の向こうの色は消しません。チェックを外すと、境界線の向こうの似た色も消去します。【不透明度】は、消去する際の濃さを設定できます。値が小さいほど消しゴムの適用が薄くなります。

許容値：10%

許容値：50%

隣接：チェック

隣接：チェックなし

7-7

Sample_7-7.psd　Photo_chapter7.jpg

画像の向きを自由に回転させる

回転

レイヤー内の画像は、自由に向きを回転させることができます。180度、90度などはもちろん、任意の角度で回転させることも可能です。なお、「背景」は角度を変更することはできません。必ずレイヤーに変換してから作業を行ってください。

1 画像を開く

Photoshopを開き、編集する画像を読み込みます。

Photo_chapter7.jpg

2 「背景」をレイヤーに変換

メニューバーから【レイヤー】→【新規】→【背景からレイヤーへ】①を選択します。

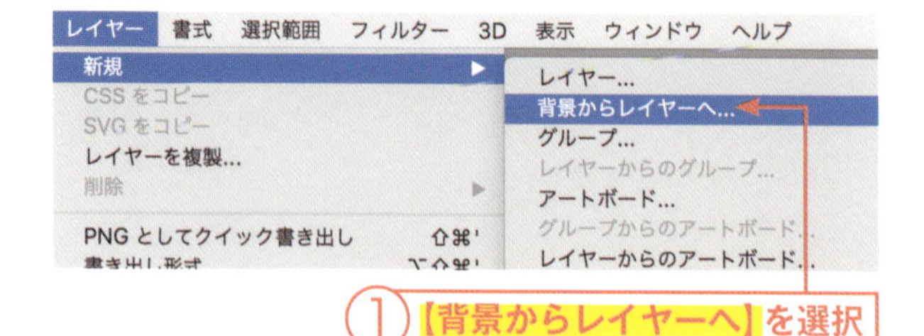

①【背景からレイヤーへ】を選択

3 レイヤーに変換

「新規レイヤー」ダイアログでレイヤーの名前②を入力して、【OK】③をクリックします。

レイヤーの名前を指定しない場合は、「レイヤー0」という名前になります。

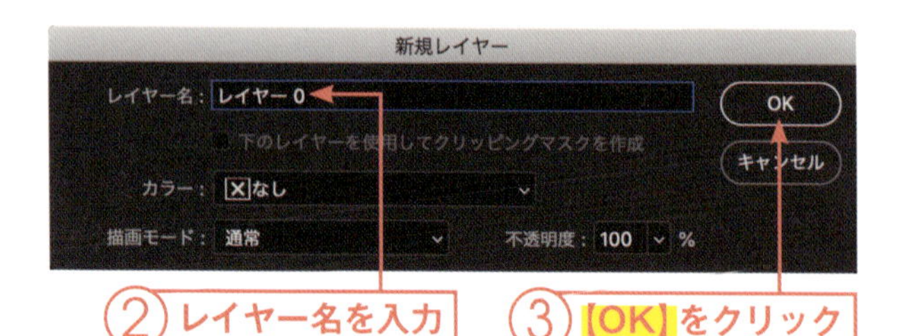

②レイヤー名を入力

③【OK】をクリック

④【回転】を選択

メニューバーから【編集】→【変形】→【回転】④を選択します。

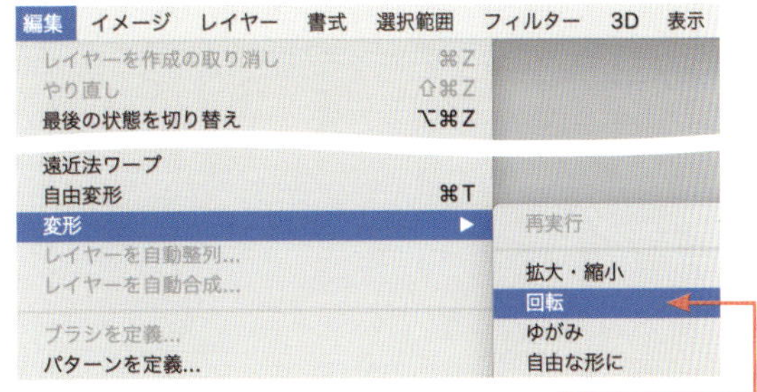

⑤画像を回転

画像の外側を回転したい方向にドラッグします⑤。

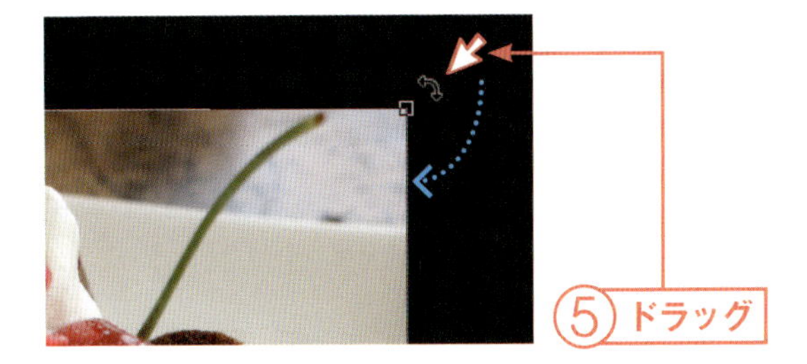

⑥完成 Sample_7-7.psd

画像が回転します。回転後はenterキーを押すと位置が確定します。

Point 180度、90度回転は、メニューでもできる

180度回転と90度回転は、メニューで行うことが可能です。メニューバーから【編集】→【変形】を選ぶと、そのなかに【180度回転】【90度回転（時計回り）】【90度回転（反時計回り）】があるため、これを選ぶだけで回転できます。

Point 画像全体を回転させたいときは「画像の回転」を使用する

ここでご紹介した手順は、指定したレイヤーのみを回転させる方法です。全てのレイヤー、つまり画像全体を回転させたいときには、メニューバーから【イメージ】→【画像の回転】を選択します。

7-8

Sample_7-8.psd　Photo_chapter7.jpg

画像を上下・左右に反転させる

水平方向に反転・垂直方向に反転

「水平方向に反転」「垂直方向に反転」を使うと、画像を反転させることができます。なお、「背景」を反転することはできません。必ずレイヤーに変換してから作業を行ってください。

1 画像を開く

Photoshopを開き、編集する画像を読み込みます。

Photo_chapter7.jpg

2 「背景」をレイヤーに変換

メニューバーから【レイヤー】→【新規】→【背景からレイヤーへ】①を選択します。

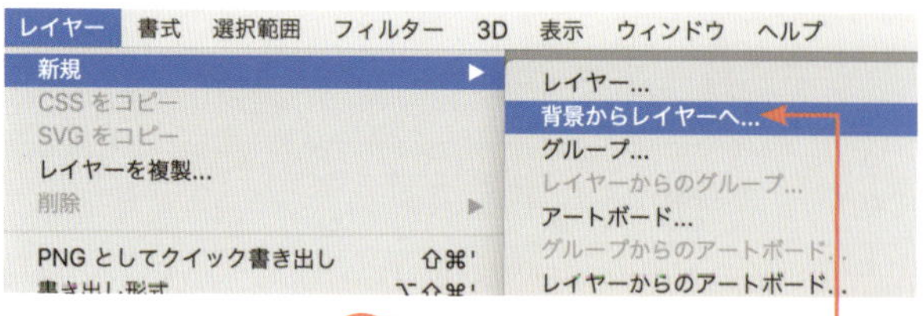

①【背景からレイヤーへ】を選択

3 レイヤーに変換

「新規レイヤー」ダイアログでレイヤーの名前②を入力して、【OK】③をクリックします。

レイヤーの名前を指定しない場合は、「レイヤー0」という名前になります。

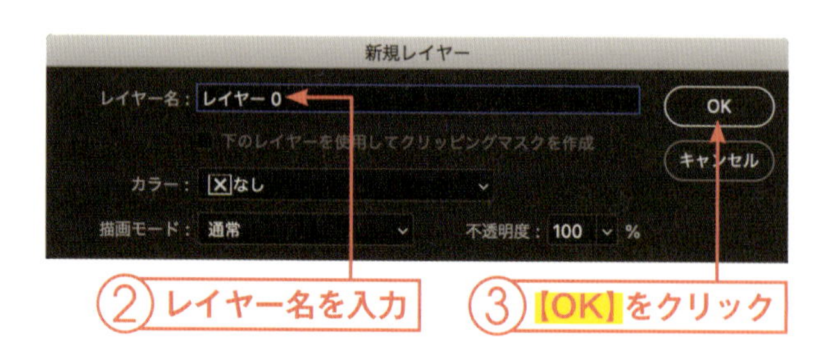

②レイヤー名を入力　③【OK】をクリック

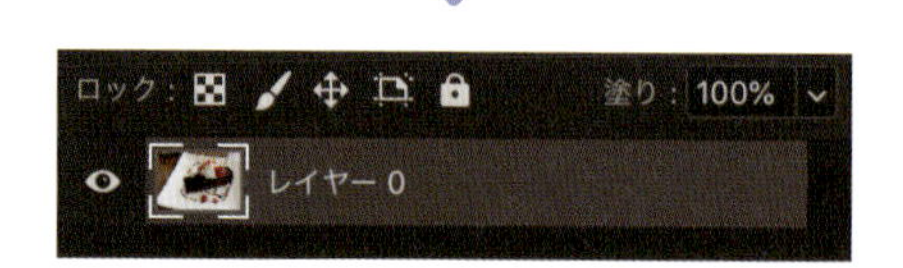

【水平方向に反転】を選択

メニューバーから【編集】→【変形】→【水平方向に反転】④を選択します（もしくは【垂直方向に反転】を選びます）。

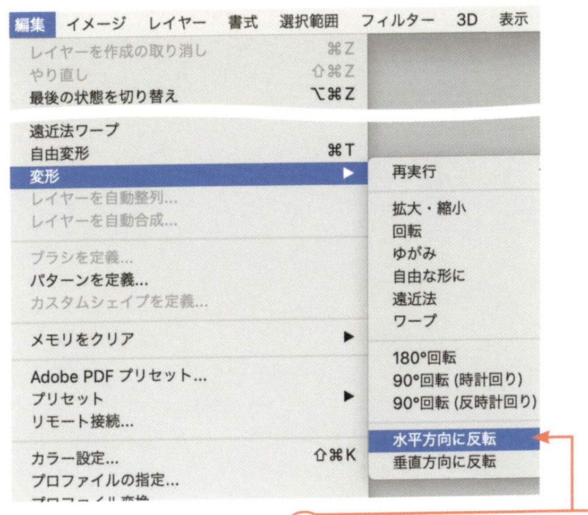

④【水平方向に反転】を選択

5 完成 Sample_7-8.psd

画像が反転します。

水平方向に反転

垂直方向に反転

Point 画像全体を反転させたいときは「画像の回転」を使用する

ここで紹介した手順は、「レイヤー」パネルで選択したレイヤーのみを反転させる方法です。全てのレイヤー、つまり画像全体を反転させたいときには、メニューバーから【イメージ】→【画像の回転】→【カンバスを左右に反転】①もしくは【カンバスを上下に反転】を選択します。

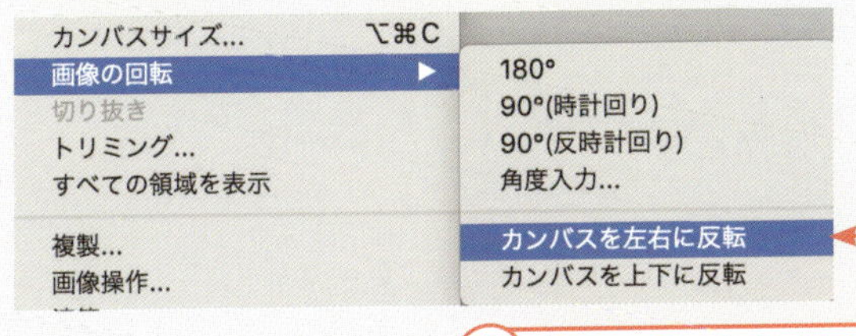

①【カンバスを左右に反転】を選択

▶7-9

Sample_7-9.psd　Photo_chapter7.jpg

画像にさまざまな効果を付け加える

フィルター

Photoshopでは、フィルターを使って画像にさまざまな効果を付けることができます。ここでは大まかなフィルターの種類をご紹介します。

各フィルターは、メニューバーから選択することができます。「シャープ」「ノイズ」など、効果の種類ごとにグループ分けされています。以下の例は、【フィルター】→【シャープ】→【シャープ】①を選択しています。

フィルターは、メニューを選択するとすぐに実行されるものと、選択時に設定用のダイアログが表示されるものもあります。以下の例は、「シアー」フィルターの設定用ダイアログです。

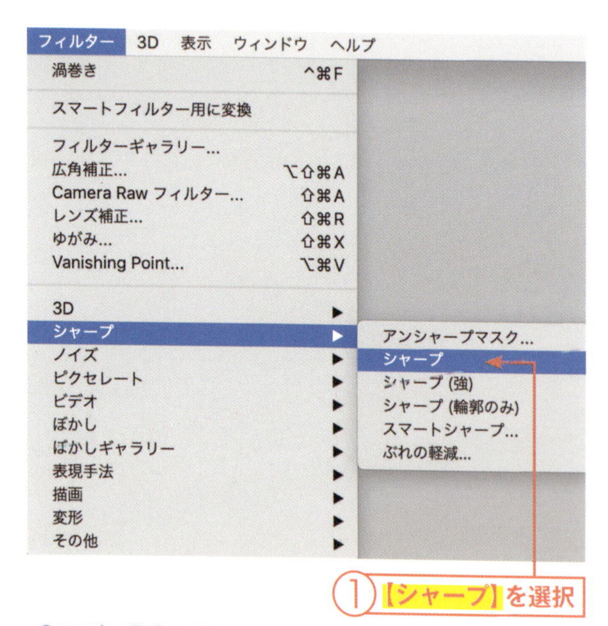

①【シャープ】を選択

「シアー」ダイアログ

Sample_7-9.psd

Point フィルターの設定範囲

フィルターは、画像内の範囲を一切選択をしない場合、画像全体に効果が適用されます。もし画像の一部を選択した場合には、選択した部分にのみフィルターがかかります。

▶シャープ

画像をシャープにします。輪郭のみをシャープにしたり、手ぶれを軽減したりといったことが可能です。

シャープ

▶ノイズ

ノイズを除去したり、加えたりできます。

ノイズを加える

▶ピクセレート

画像をモザイクにしたり、点描で描写したりが可能です。

カラーハーフトーン

▶ぼかし

画像をぼかします。高速で移動しているようにぼかしたり、放射状にぼかしたりすることも可能です。なお「ぼかしギャラリー」は、ぼかしをより細かく設定できるフィルターです。

ぼかし（放射状）

Point 「ビデオ」と「その他」

「ビデオ」は動画で使うフィルターです、色をテレビと同じに制限したり、動画の動きを滑らかにしたりします。「その他」はここで紹介するいずれにも当てはまらないフィルターです。オリジナルのカスタムフィルターを作ることもできます。

▶**表現手法**

絵で描いたような表現をするフィルターです。エンボス加工を施したように見せたり、油彩風に見せたりできます。

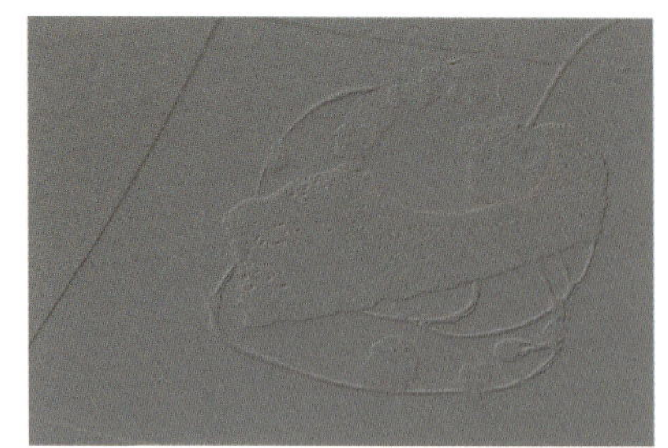

エンボス

▶**描画**

雲や炎などを描写できます。

逆光

▶**変形**

画像を渦巻き状にしたり、波形にしたりなど、画像を変形させられます。

ジグザグ

Point フィルターギャラリーを使ってみよう

Photoshopには、あらかじめ設定されているフィルターがあり、それらは「フィルターギャラリー」にまとめられています。ぴったりのフィルターを選ぶことで、画像に雰囲気を持たせられるでしょう。フィルターギャラリーは、メニューバーの【フィルター】→【フィルターギャラリー】①から選択できます。

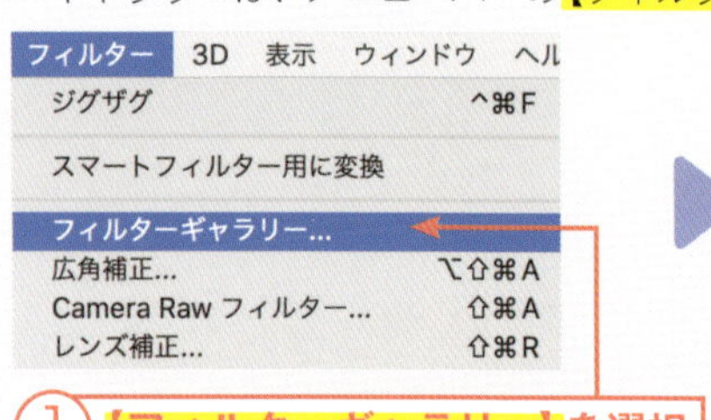

① 【フィルターギャラリー】を選択

第8章

画像を拡大・縮小する

Photoshopでは、画像の拡大や縮小も思いのままです。小さな画像を大きくしたり、サイズの大きな画像を小さくしたりすることはもちろん、画像の一部を切り取ってひとつの画像にすることもできます。拡大・縮小は、画像編集の基礎とも言える部分です。ここからは画像の拡大・縮小の方法についてご紹介します。

‣8-1

Sample_8-1.psd　Photo_chapter8.jpg

画像のサイズを拡大・縮小する

画像解像度

解像度を変えることで、画像を大きくしたり、小さくしたりできます。写真の解像度を変えると、写真そのものの大きさも変わります。写真のサイズが重い場合、解像度を小さくすることで、メールやウェブでの送信がしやすくなります。解像度については、19ページを参照してください。

1 画像を開く

Photoshopを開き、編集する画像を読み込みます。

Photo_chapter8.jpg

2 【画像解像度】を選択

メニューバーから【イメージ】→【画像解像度】①を選択します。

画像の解像度がわからない場合も、【イメージ】→【画像解像度】で調べることができます。

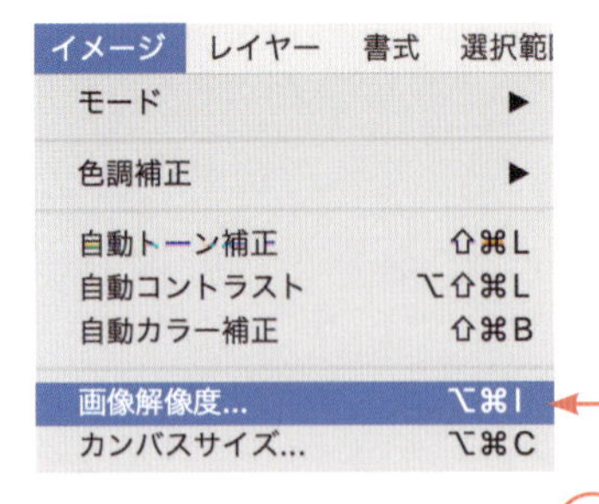

3 解像度を入力

「画像解像度」ダイアログで、【解像度】②に変更後の解像度を入力して、【OK】③をクリックします。

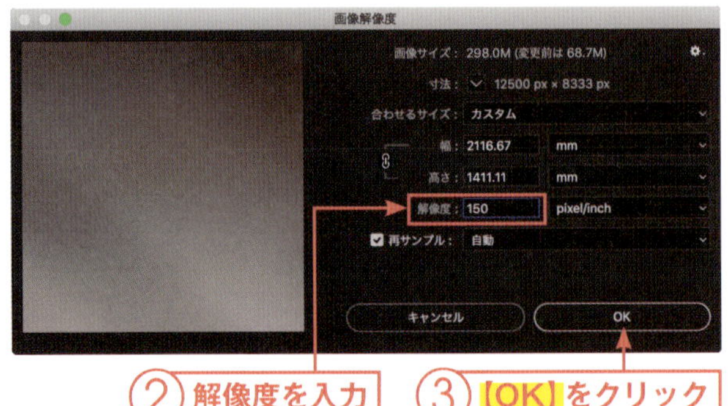

完成 Sample_8-1.psd

解像度に合わせて画像の大きさが変更されます。ここでは「150」を指定しています。

解像度を上げると、それに合わせてファイルサイズもアップします。

Point 「幅」と「高さ」を変更する

画像の大きさは「画像解像度」ダイアログで**【幅】**と**【高さ】**を指定することでも変更されます。ただしこの場合、画像の大きさは変更されますが、解像度は変更されません。またリンクマーク で幅と高さを比例させておかないと、縦横比が違う画像になり、引き伸ばされたり、縮んだりするので注意が必要です。

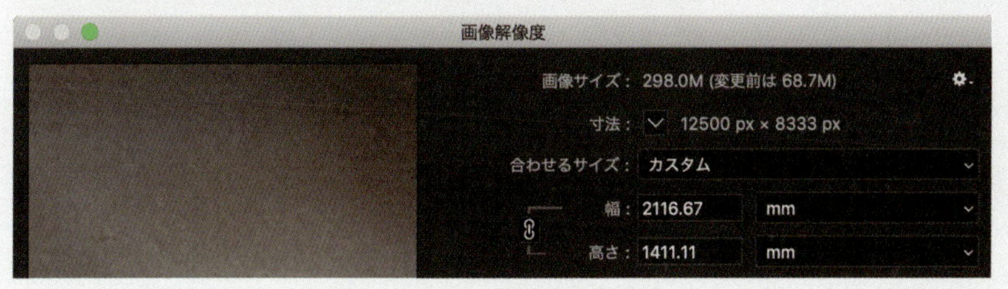

Point サイズと解像度を簡単に設定する

Photoshopではあらかじめ、よく使用される解像度とそれに合わせたサイズの組み合わせが用意されています。それを選べば、簡単にそのサイズ、解像度に合わせることが可能です。

「画像解像度」ダイアログで**【合わせるサイズ】**①のプルダウンメニューを開くと用意されているサイズ②が出てくるので、そこから選びます。ちょうど良いものがあれば、こちらで設定した方が簡単です。

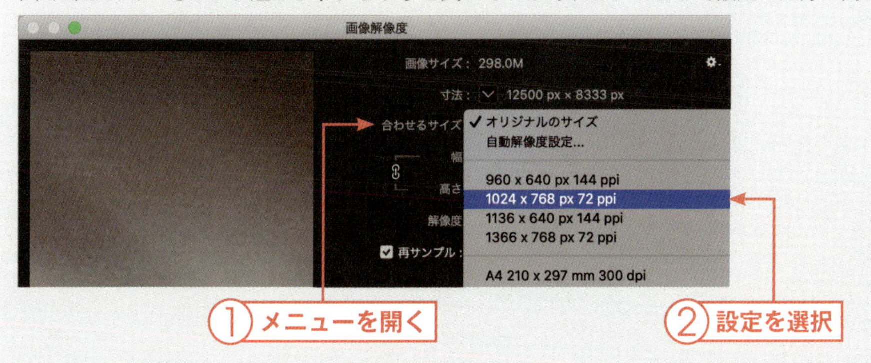

▶8-2 Sample_8-2.psd Photo_chapter8.jpg

カンバスの大きさを変更する

カンバスサイズ

「カンバスサイズ」では、カンバスの大きさを変更することができます。カンバス内に表示される画像の大きさを変えずに見える部分のみの大きさを変更できるため、画像周りに余白を作りたいときや、画像をトリミングしたい場合に使用できます。

1 画像を開く

Photoshopを開き、編集する画像を読み込みます。

Photo_chapter8.jpg

2 【カンバスサイズ】を選択

メニューバーから【イメージ】→【カンバスサイズ】①を選択します。

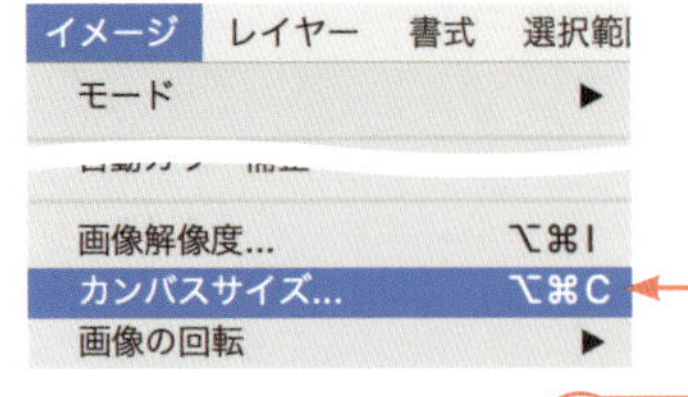

①【カンバスサイズ】を選択

3 変更後の大きさを入力

【幅】と【高さ】②に変更後の大きさを入力し、【OK】③をクリックします。プルダウンメニューで単位を選択することもできます。

「カンバス拡張カラー」を設定することで、余白部分の色を指定できます。通常は背景色で塗りつぶされます。

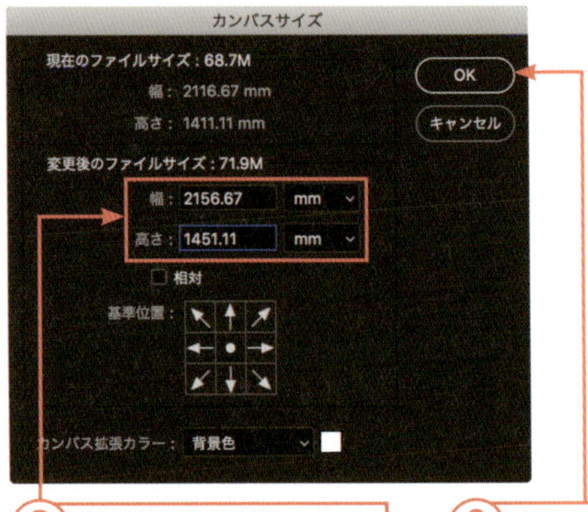

②【幅】と【高さ】を入力

③【OK】をクリック

完成 Sample_8-2.psd

カンバスサイズが変更されました。ここでは画像の周囲に40mmずつ余白を設定しています。

通常のレイヤーで上記を実行すると、余白部分は透明になります。

Point カンバスからはみ出す部分は切り取られる

画像そのもののサイズよりカンバスを小さくすると、はみ出した部分は切り取られます。この場合、移動ツールで表示される位置を調整できます。また、カンバスサイズを小さくする場合は、画像が切り取られることを警告するメッセージが表示されます。

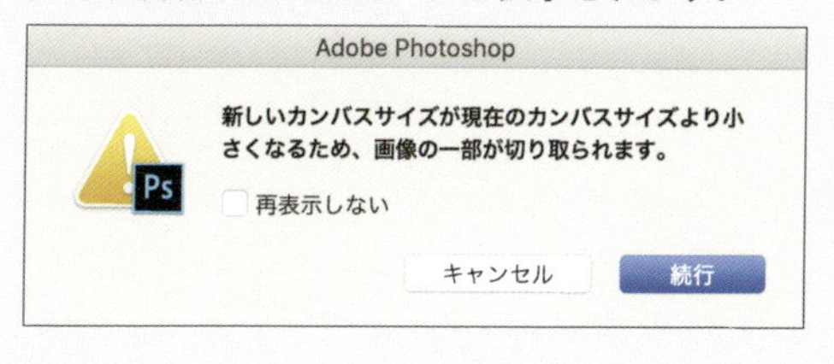

Point 「相対」と「基準位置」

「カンバスサイズ」ダイアログで**【相対】**にチェックを入れると、元の画像よりも○ミリ大きくする、小さくするという指定ができます。小さくする場合には、マイナスの値を入力しましょう。

また**【基準位置】**を指定すると、サイズを変更する際に基準となる位置を変更できます。

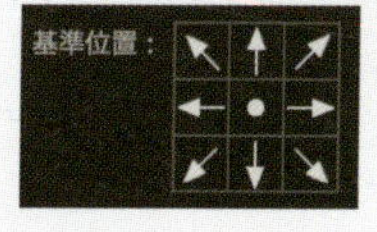

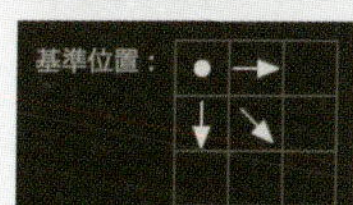

8-3

Sample_8-3.psd　Photo_chapter8.jpg

画像の大きさを自由に変更する

変形・自由変形

「変形」や「自由変形」を使うと、感覚的にカンバス内の画像の大きさを変えられます。大きさを細かく調整したいときに便利です。なお変形は、通常のレイヤーでしか行えません。画像が「背景」になっている場合には、必ずレイヤーに変換してから実行しましょう。

1 画像を開く

Photoshopを開き、編集する画像を読み込みます。

Photo_chapter8.jpg

2 「背景」をレイヤーに変換

メニューバーから【レイヤー】→【新規】→【背景からレイヤーへ】①を選択します。

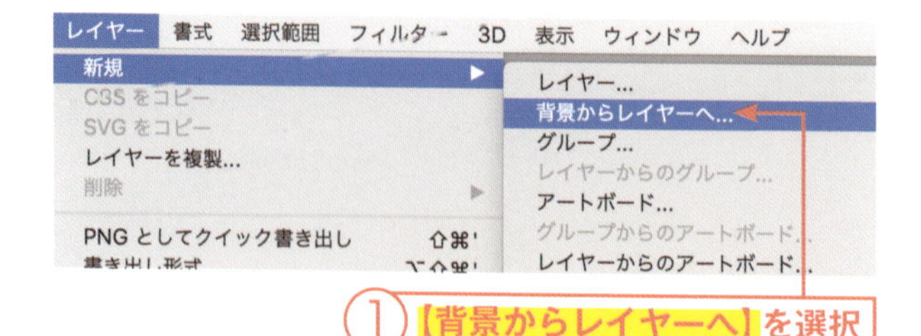

3 レイヤーに変換

「新規レイヤー」ダイアログでレイヤーの名前②を入力して、【OK】③をクリックします。

レイヤーの名前を指定しない場合は、「レイヤー0」という名前になります。

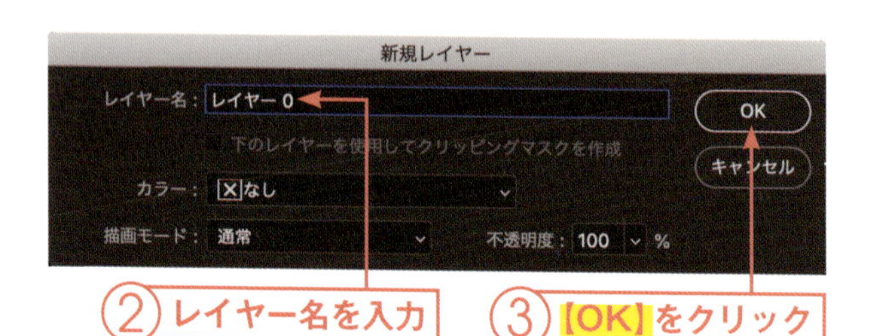

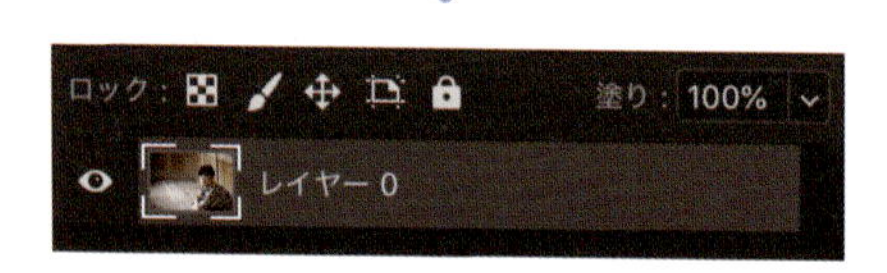

4 【自由変形】を選択

メニューバーから【編集】→【自由変形】④を選択します（もしくは【編集】→【変形】→【拡大縮小】を選択します）。

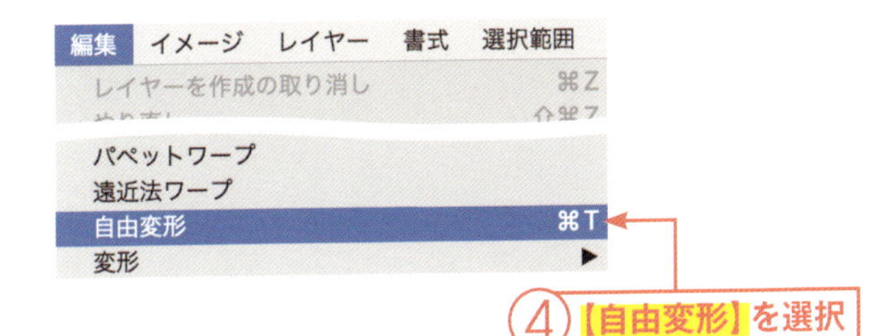

5 画像をドラッグ

画像の周囲に表示されるバウンディングボックス⑤をドラッグして、画像の大きさを調整します。調整したらenterキーを押して確定します。外側にドラッグすると大きく、内側にドラッグすると小さくなります。

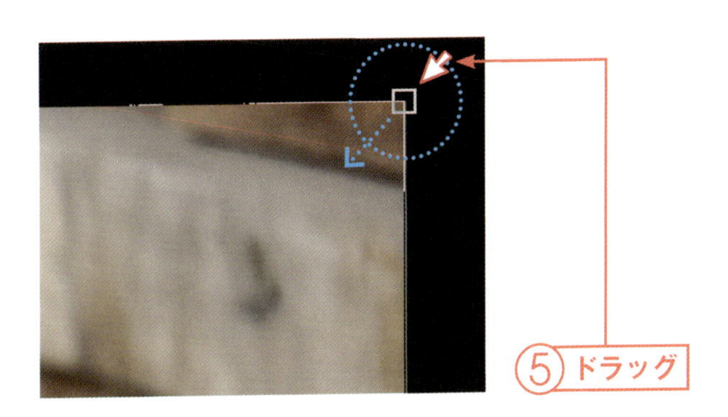

6 完成 Sample_8-3.psd

画像の大きさが変更されました。

Point 縦横比をそのままで拡大・縮小ができる

「自由変形」で画像をドラッグすると、通常は縦横比を変更しない状態で画像のサイズが変更されます。shiftキーを押しながらドラッグすることで、縦横比を変えながら画像サイズを変更することができます。

以前はshiftキーを押しながらドラッグすることで縦横比をキープしたまま画像サイズを変更するようになっていましたが、Photoshop CCの2018年10月に行われたバージョンアップ（Photoshop CC 2019）で仕様が変更されているので、ご注意ください。

なお、変更後のサイズは、メニューバーで【自由変更】を選択すると表示されるオプションバーで確認することができます。

▸8-4

Sample_8-4.psd　Photo_chapter8.jpg

画像の必要な部分のみを切り抜く

切り抜きツール

「切り抜きツール」を使うと、画像を自由にトリミングできます。カンバスのサイズなどを指定しなくても感覚的にトリミングができるため、切り抜きたい場所が既に決まっている場合や、切り抜きのサイズが自由である場合に利用すると良いでしょう。

1 画像を開く

Photoshopを開き、編集する画像を読み込みます。

Photo_chapter8.jpg

2 【切り抜きツール】を選択

ツールパネルから【切り抜きツール】①を選択します。

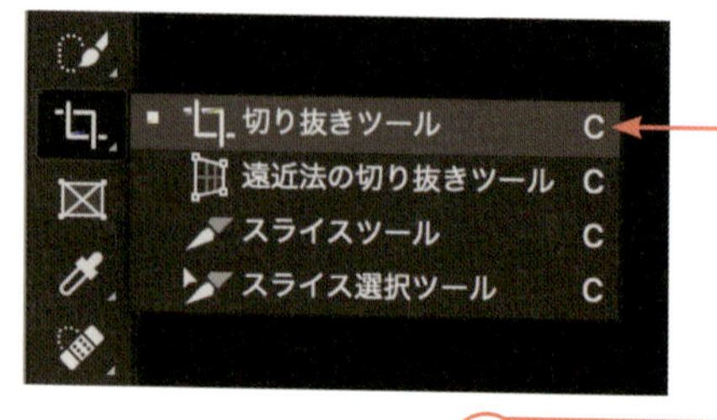

① 【切り抜きツール】を選択

3 ハンドルが表示

画像の周囲に操作用のハンドルが表示されます。

4 ハンドルをドラッグ

ハンドル②をドラッグして切り抜く範囲を選択します。選択できたら、enterキーを押して確定します。

切り抜き範囲の選択はescキーで解除できます。

5 完成 Sample_8-4.psd

選択した範囲に合わせて画像がトリミングされます。

切り抜き範囲を選択すると、画像のレイヤーの上に「切り抜きプレビュー」というレイヤーが一時的に作成されます。

Point サイズを指定してトリミングする

オプションバーで指定すれば、縦横のサイズを特定の値に設定した切り抜きも行えます。オプションバー左端のプルダウンメニューから「幅×高さ×解像度」を選択し①、「幅」と「高さ」②、「解像度」③を指定します。次にドキュメントウィンドウで切り抜く位置を指定してenterキーを押せば、指定のサイズと解像度で切り抜かれます。

① 「幅×高さ×解像度」を選択
幅 x 高さ x... 2000 mm 1000 mm 20 px/cm 消去 角度補正
② 「幅」と「高さ」を入力
③ 「解像度」を入力

Point 長方形選択ツールで切り抜く

画像の切り抜きは、先に長方形選択ツールで切り抜く範囲を指定しておいてから、メニューバーから【イメージ】→【切り抜き】を選択することでも行えます。

8-5

Sample_8-5.psd　Photo_chapter8.jpg

画像をカンバスに合わせて変形する

コンテンツに応じて拡大・縮小

「コンテンツに応じて拡大・縮小」を使えば、カンバスのサイズに合わせて画像を自然な形で調整しながら拡大・縮小することができます。画像の中の主要な要素を自動で選別して変形が行われます。画像が「背景」になっている場合には、必ずレイヤーに変換してから実行しましょう。

1 画像を開く

Photoshopを開き、編集する画像を読み込みます。

Photo_chapter8.jpg

2 「背景」をレイヤーに変換

メニューバーから【レイヤー】→【新規】→【背景からレイヤーへ】①を選択します。

3 レイヤーに変換

「新規レイヤー」ダイアログでレイヤーの名前②を入力して、【OK】③をクリックします。

レイヤーの名前を指定しない場合は、「レイヤー0」という名前になります。

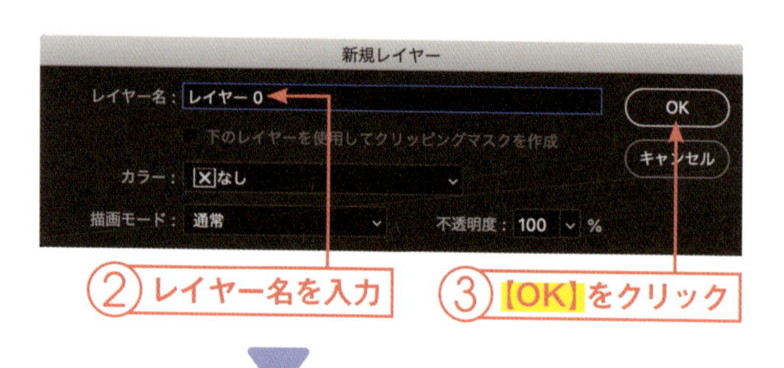

4 カンバスサイズの変更

メニューバーから【イメージ】→【カンバスサイズ】を選択して、カンバスサイズを変更します④。カンバスサイズの変更の仕方は118ページを参照してください。

5 【コンテンツに応じて拡大・縮小】を選択

メニューバーから【編集】→【コンテンツに応じて拡大・縮小】⑤を選択します。

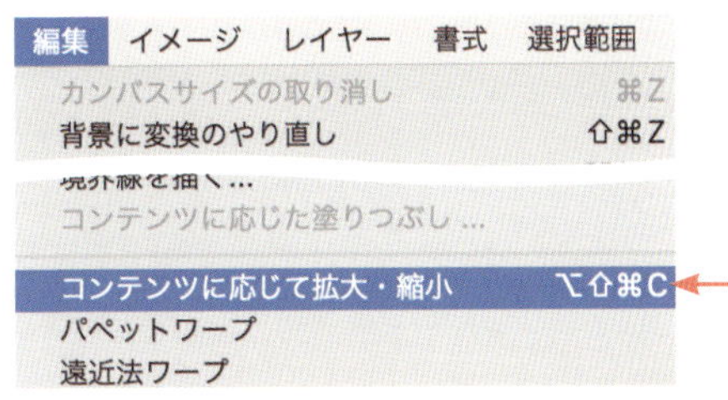

6 カンバスに合わせる

バウンディングボックス⑥をドラッグして、画像をカンバスに合わせます。合わせ終わったら[enter]キーを押して確定します。

> カンバスサイズを縮小した場合は、変更前のサイズに合わせてバウンディングボックスが表示されます。

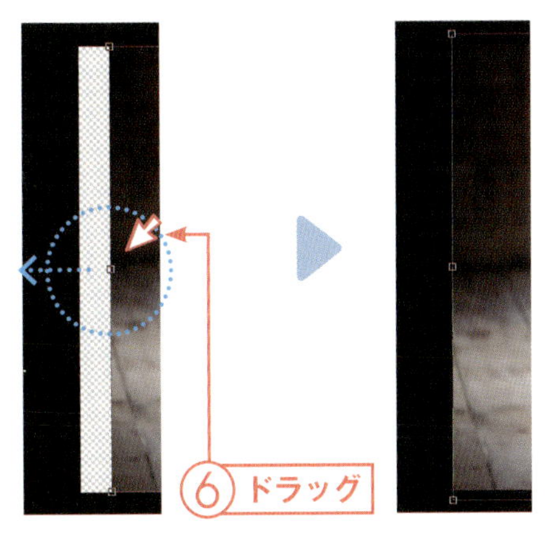

7 完成 Sample_8-5.psd

画像が調整されて、カンバスのサイズと揃えられます。

■ 表示される位置や大きさを変更する

画像サイズを大きくすると、画像がドキュメントウインドウからはみ出して、全体を確認できなくなってしまう場合があります。そのような場合は、以下の方法を利用しましょう。

ズームツールで拡大・縮小する

「ズームツール」はドキュメントウィンドウ上に表示する画像を拡大・縮小するツールです。ツールパネルで【ズームツール】①を選択してからドキュメントウィンドウ上をクリックすると②、画像の表示が拡大されます。option キー（Windowsでは alt キー）を押しながらクリックすることで、画像の表示を縮小できます（デフォルトの場合です。拡大と縮小はオプションバーで入れ替えることができます）。

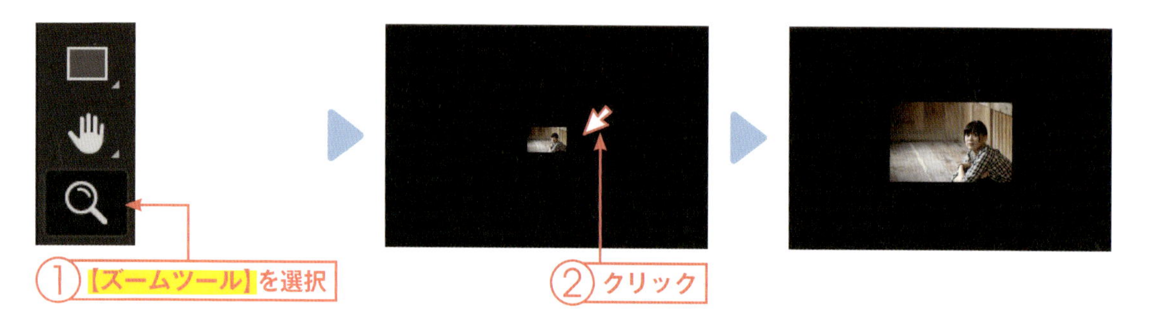

手のひらツールで移動する

「手のひらツール」は、画像の大きさはそのままで、ドラッグした方向に表示位置を移動させます。ツールパネルから【手のひらツール】①を選択した状態で画像をドラッグして②、表示位置を変更します。

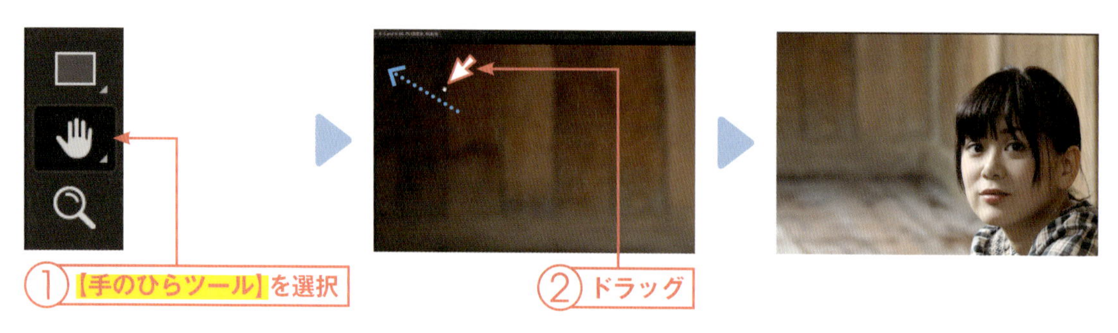

これらはあくまで「画像の見える大きさや位置」を変えるだけで、画像そのものが大きくなったり小さくなったりするわけではありません。全体を確認する際に便利なので、覚えておくと良いでしょう。

第9章

画像に描き込む

Photoshopでは、ブラシを使って画像に描き込みをしたり、特定の色で塗りつぶしたりできます。描き込むことを覚えられれば、画像の表現に幅を持たせることが可能です。また、画像に別の要素を加えることで、チラシやポスターなどの広告をデザインすることもできます。この章では、画像への描き込みについてご紹介します。

▸9-1

Sample_9-1.psd　Photo_chapter9.jpg

ブラシを使って写真に線を描き加える

ブラシツール

「ブラシツール」を使うと、画面に自由に描き込みができます。フリーハンドでの描き込みができるだけでなく、線の太さや種類なども自由に変更可能です。もちろん、描き込んだものを消すこともできるので、慣れるまでいろいろと描いてみると良いでしょう。

1 画像を開く

Photoshopを開き、編集する画像を読み込みます。

Photo_chapter9.jpg

2 【ブラシツール】を選択

ツールパネルから【ブラシツール】①を選択します。

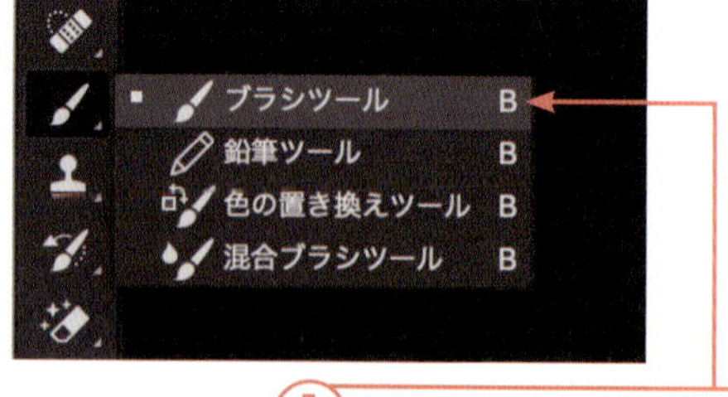

3 線を描く　Sample_9-1.psd

画像の上をドラッグします②。ドラッグした部分に線が描かれます。

「レイヤー」パネル上で選択されているレイヤーに描き込まれます。

Point 新規レイヤーに描き込む

ブラシで描き込みをする際には、新規レイヤーを追加し、そのレイヤーに描き込むようにしましょう。なぜなら、元画像と同じレイヤーに描き込むと、位置の移動やいったん削除して再度描き直しなどが難しくなるためです。別にレイヤーにしておくと、これらが非常にやりやすくなります。

新規レイヤーはメニューバーから【レイヤー】→【新規】→【レイヤー】①を選択すると作成できます。識別しやすい名前を付けておくと良いでしょう(42ページ)。

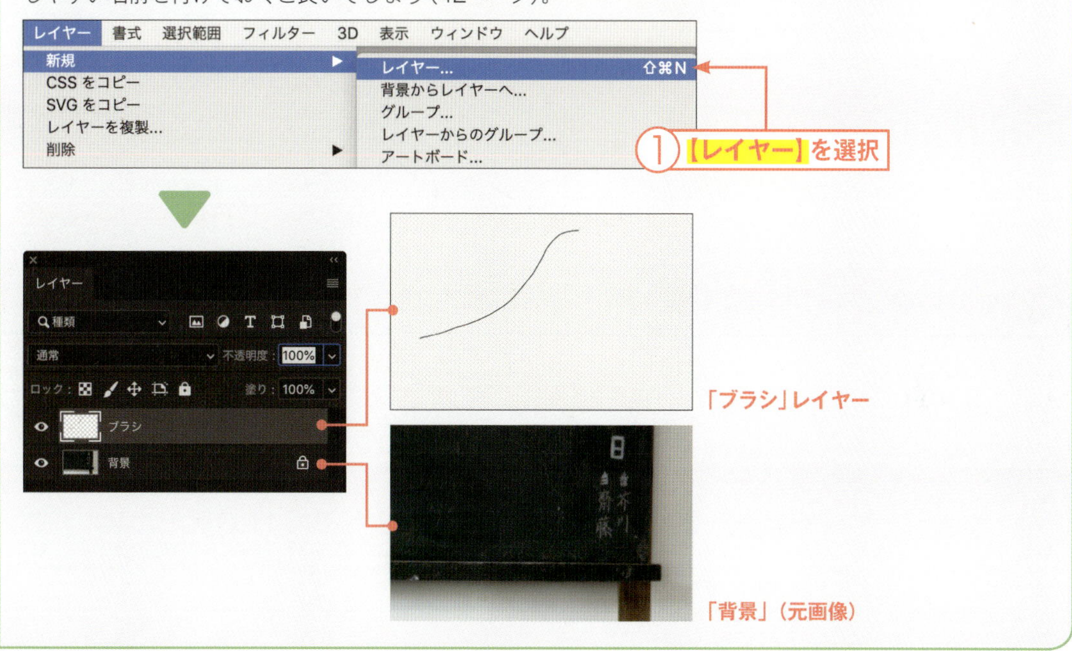

Point 描き込んだものを消す

描き込んだものは「消しゴムツール」を使って消すことができます。ツールパネルから【消しゴムツール】①を選択し、消したい場所をドラッグしてなぞります②。

また、広い範囲を消したい場合は、消去する範囲を選択ツールなどで選択して、delete キーを押します。あるいは、消しゴムツールのオプションバーで、消しゴムの「直径」を大きくするなどの方法があります。

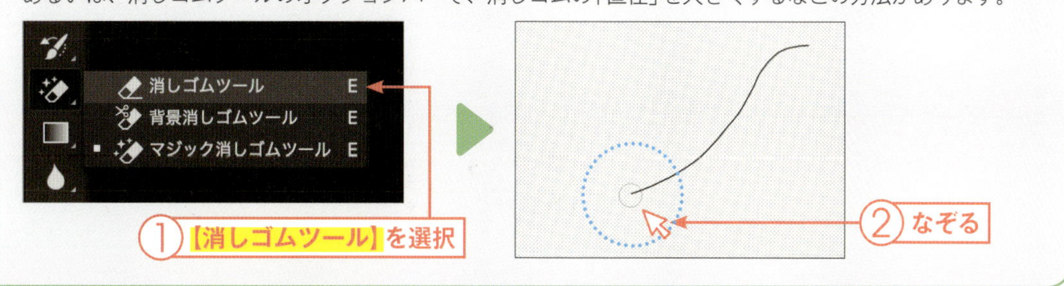

▸9-2 Sample_9-2.psd Photo_chapter9.jpg

描き込みを行う線の色を変更する

ブラシツール

ブラシで描画する線の色は、自由に変えることができます。基本的には使いたい色を描画色として選択することで、線の色が変わります。ピンクでハートを描きたい、黒いところに白で丸を描きたいなど、描き込みをするときの自由度がアップします。

1 画像を開く

Photoshopを開き、編集する画像を読み込みます。

Photo_chapter9.jpg

2 【描画色を設定】を選択

ツールパネルから【描画色を設定】①を選択します。

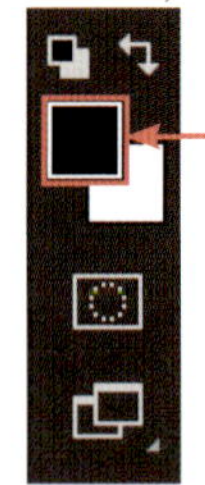

3 色を選択

「カラーピッカー」で色を選択します。左に表示されている大きな四角の中で、使いたい色の部分②をクリックすることで選択可能です。中央のバーで、四角内に表示する色を変更することができます。選択したら【OK】③をクリックします。

【ウィンドウ】→【カラー】メニューで表示される「カラー」パネルで設定することもできます。

【ブラシツール】を選択

ツールパネルから【ブラシツール】①を選択します。

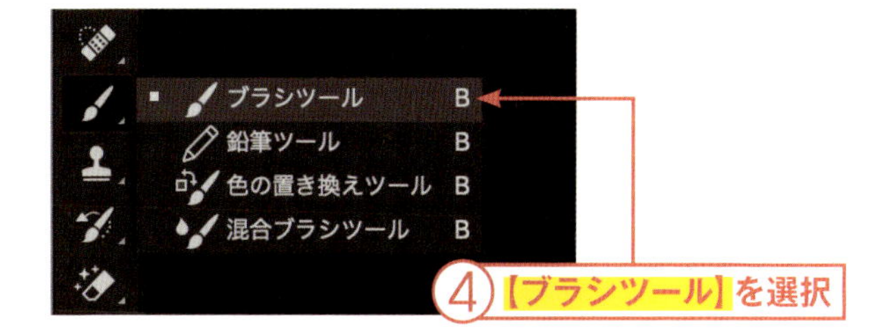

5 完成 Sample_9-2.psd

画像の上をドラッグすると、設定した色で線が描かれます。

ブラシを使用する場合は、ブラシ用のレイヤーを追加することをオススメします（129ページ）。

Point 色を数値で指定する

色の指定は、値を直接指定することもできます。この場合は、カラーピッカーの右下部分に「RGB」「CMYK」「カラーコード」などの値を入力します。

カラーコードとは、表示される色を数値化したもので、6桁の英数字で表されます。カラーコードはインターネット上でカラー見本なども公開されているため、参考にすると良いでしょう。

カラーコード：eb41ad

カラーコード：3438f5

Point 描画色と背景色

Photoshopでは、「描画色」と「背景色」をそれぞれ設定できます。描画色は線や塗りつぶしの色のことで、背景色は背景に固定される色のことをいいます。これらはツールパネルの下部に表示されていて、左上の色が描画色、右下のものが背景色です。

ちなみに描画色と背景色は、ツールパネルで ①をクリックすることで入れ替えが可能です。

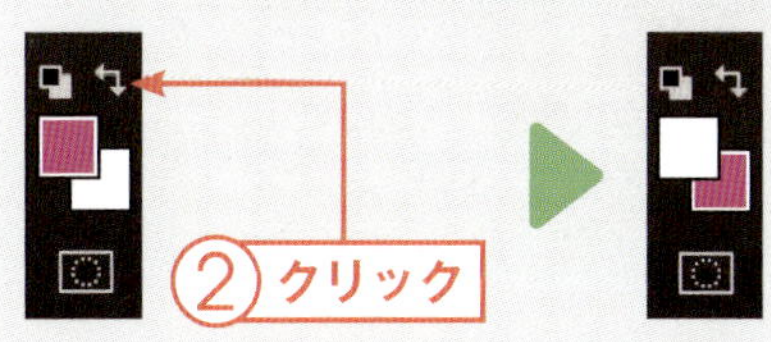

▸9-3

Sample_9-3.psd　Photo_chapter9.jpg

描き込みを行う線の太さを変更する

ブラシツール

ブラシでは、描画する線の太さを自由に変えることができます。線が細すぎて描き込んだものが見えない場合や、インパクトのある太い線を引きたいときなどに有効です。1px単位で細かく調整できるので、思い通りの太さを見つけてみましょう。

1 画像を開く

Photoshopを開き、編集する画像を読み込みます。

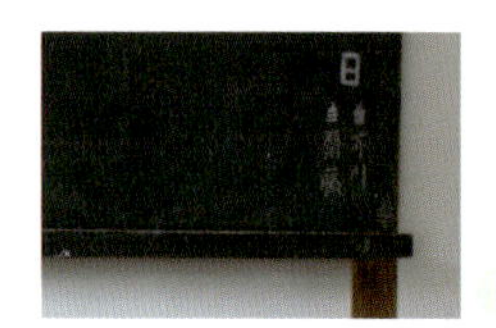

Photo_chapter9.jpg

2 【ブラシツール】を選択

ツールパネルから**【ブラシツール】**①を選択します。

ブラシを使用する場合は、ブラシ用のレイヤーを追加することをオススメします(129ページ)。

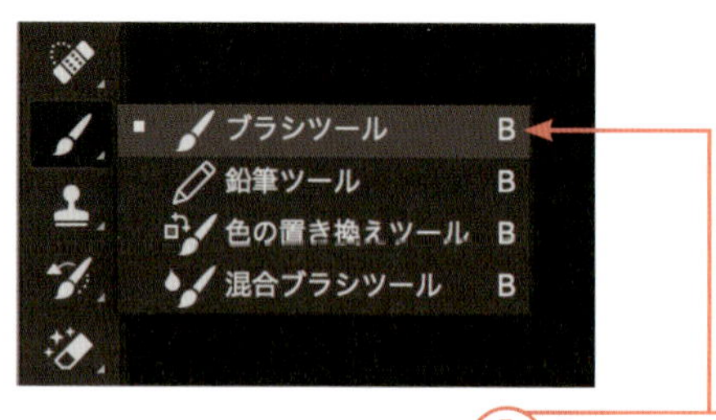

①【ブラシツール】を選択

3 【ブラシ】を選択

メニューバーから**【ウィンドウ】→【ブラシ】**②を選択して、「ブラシ」パネルを開きます。

ブラシツールを選択後、画像の上で右クリックするとダイアログが表示されます。そこでも同様に設定可能です。

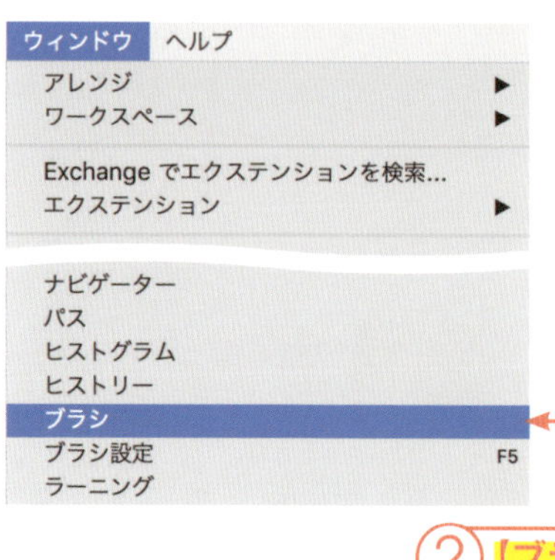

②【ブラシ】を選択

4 太さを指定

「ブラシ」パネルの【直径】③のツマミで太さを指定します。ツマミが右にいくほど線が太くなります(値を直接入力することもできます)。

③【直径】を設定

5 完成 Sample_9-3.psd

画像の上でドラッグすると、設定した太さで線が描かれます。

直径：20px

直径：80px

Point ブラシの透明度

ブラシでは、描画する線の透明度を設定できます。ツールパネルで「ブラシツール」を選択後、メニューバーの下に表示されるオプションバーで【不透明度】①を調整します。数字が少ないほど線が薄くなります。

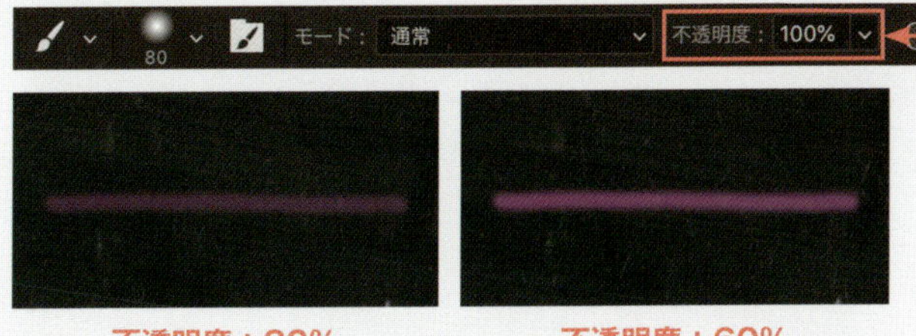

①【不透明度】を調整

不透明度：30%

不透明度：60%

Point 鉛筆ツール

ブラシツールと似たもので「鉛筆ツール」があります。鉛筆ツールは、境界線がぼんやりしたブラシツールとは違い、境界線のはっきりとした線を引くことができます。また、鉛筆ツールもブラシツールと同様、線の太さや色を自由に変更可能です。

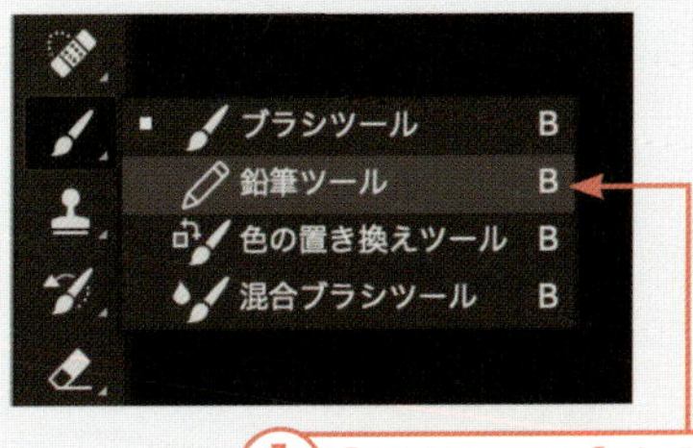

①【鉛筆ツール】を選択

ブラシツール

鉛筆ツール

▸9-4

Sample_9-4.psd　Photo_chapter9.jpg

描き込みを行う線の種類を変更する

ブラシツール

ブラシにはさまざまな種類があります。通常の円ブラシの他、パステルで描いたようになるブラシなど、さまざまです。事前に設定されているものもありますが、自分で自由に設定を変えることもできます。雰囲気によって使い分けると良いでしょう。

1 画像を開く

Photoshopを開き、編集する画像を読み込みます。

Photo_chapter9.jpg

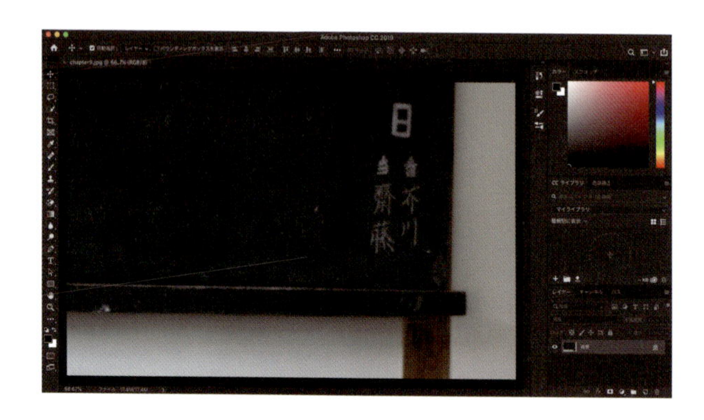

2 【ブラシツール】を選択

ツールパネルから【ブラシツール】①を選択します。

ブラシを使用する場合は、ブラシ用のレイヤーを追加することをオススメします（129ページ）。

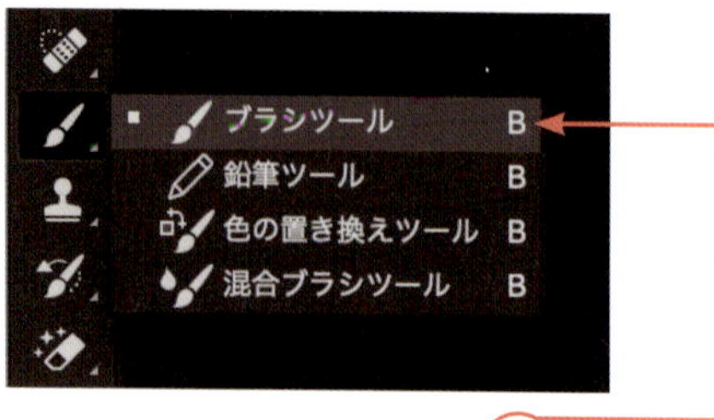

① 【ブラシツール】を選択

3 【ブラシ】を選択

メニューバーから【ウィンドウ】→【ブラシ】②を選択して、「ブラシ」パネルを開きます。

ブラシツールを選択後、画像の上で右クリックするとダイアログが表示されます。そこでも同様に設定可能です。

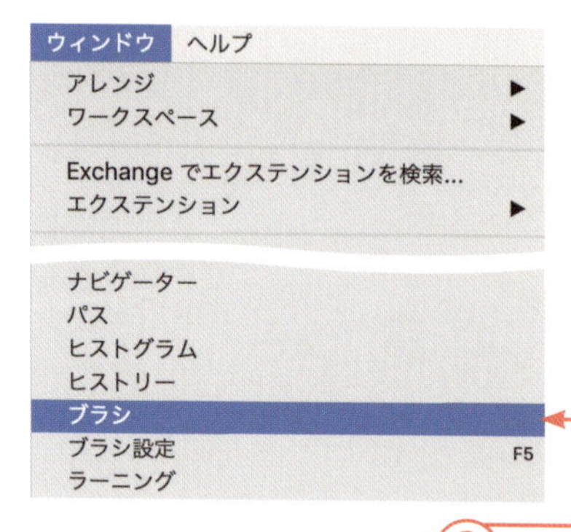

② 【ブラシ】を選択

4 ブラシを選択

「ブラシ」パネルの【汎用ブラシ】③などのプルダウンを開き、使いたいブラシを選択します。

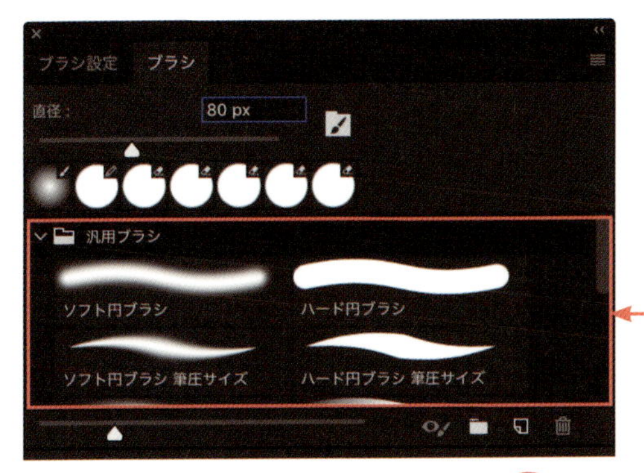

5 完成 Sample_9-4.psd

画像の上でドラッグすると、設定した種類で線が描かれます。

ソフト円ブラシ

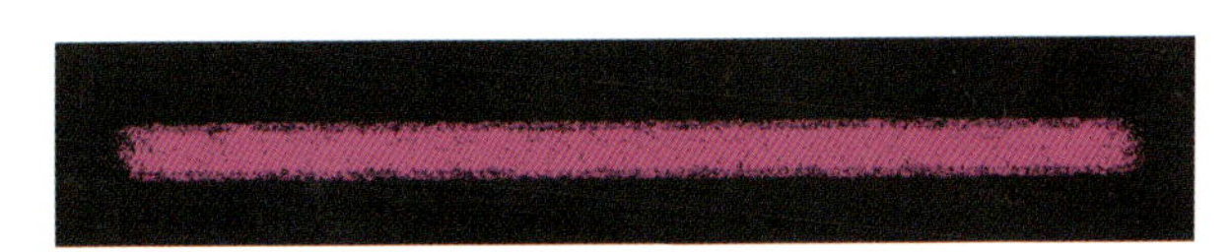
太い木炭

Point ブラシの種類を自分で設定してみる

ブラシの種類は自分で自由に設定できます。メニューバーから【ウィンドウ】→【ブラシ設定】①を選択する（あるいはブラシのオプションバーで をクリックする）と表示される「ブラシ設定」パネルで、ブラシの形状や硬さ、感覚などを自由に設定できます。細かな変更を行いたい場合は活用すると良いでしょう。

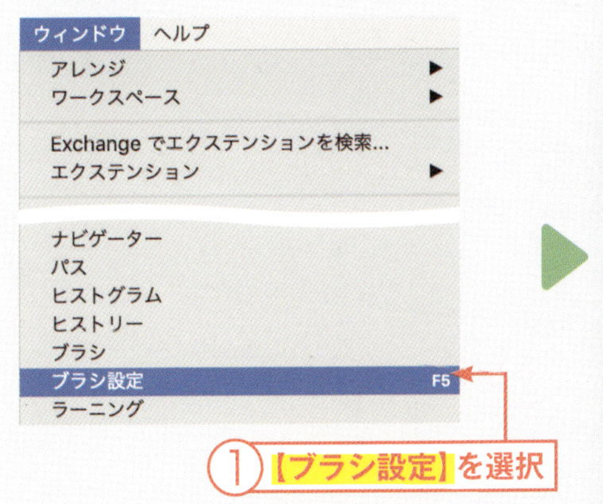

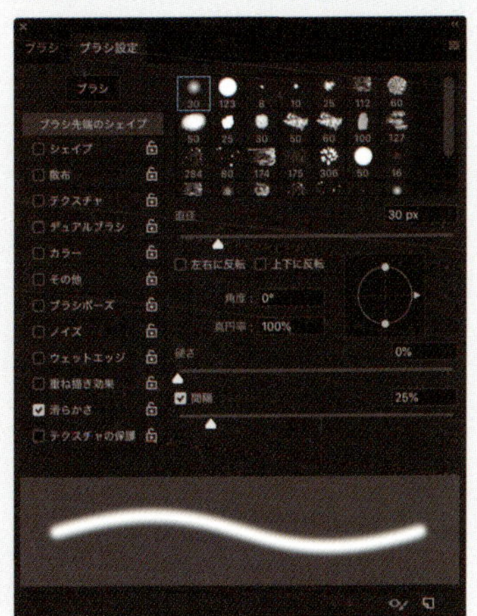

9-5

Sample_9-5.psd　Photo_chapter9.jpg

画像の一部をコピーしてスタンプにする

コピースタンプツール

「コピースタンプツール」では、画像の一部をスタンプにして、画像の中に自由に押すことができます。もともとあった画像の一部を複製したい場合や、自分の描き込んだものを複数画像に盛り込みたい場合などに便利です。

1 画像を開く

Photoshopを開き、編集する画像を読み込みます。

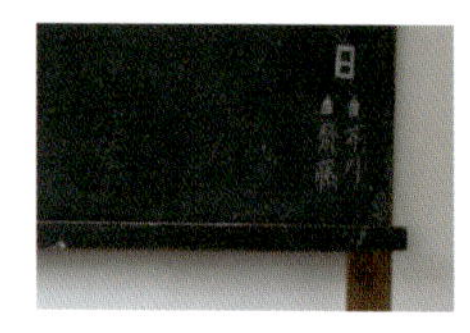

Photo_chapter9.jpg

2 【コピースタンプツール】を選択

ツールパネルから【コピースタンプツール】①を選択します。

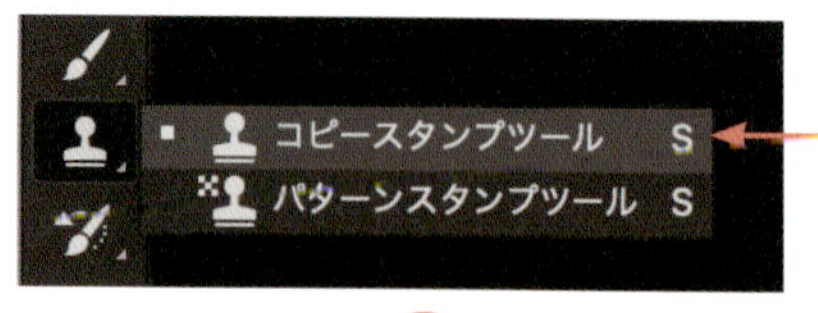

3 直径を設定

オプションバーで ②をクリックし、【直径】③をコピーしたい部分を囲めるくらいに広げます。

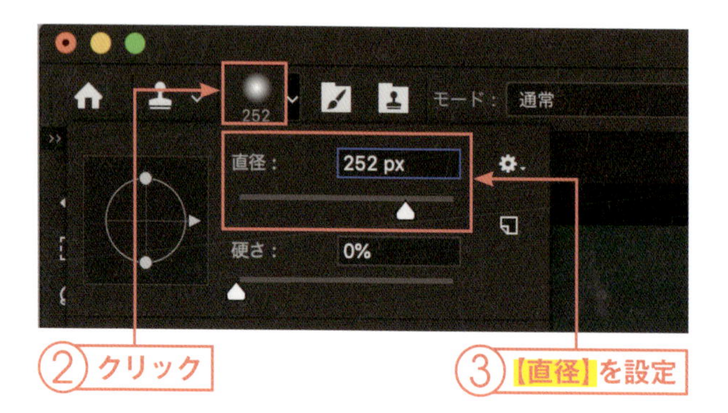

4 スタンプをコピー

optionキー(Windowsではaltキー)を押しながら、コピーしたい部分をクリックすると④、スタンプとして使う画像がコピーされます。

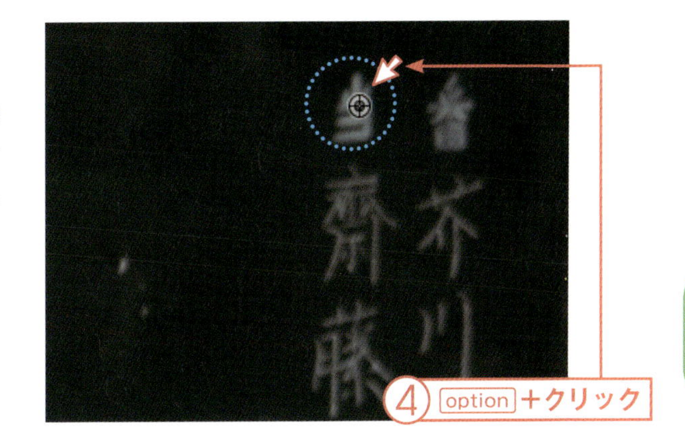

5 完成 Sample_9-5.psd

画面上をクリックすると⑤、コピーした部分がスタンプされます。

ブラシの種類によって、スタンプの結果は変わります。

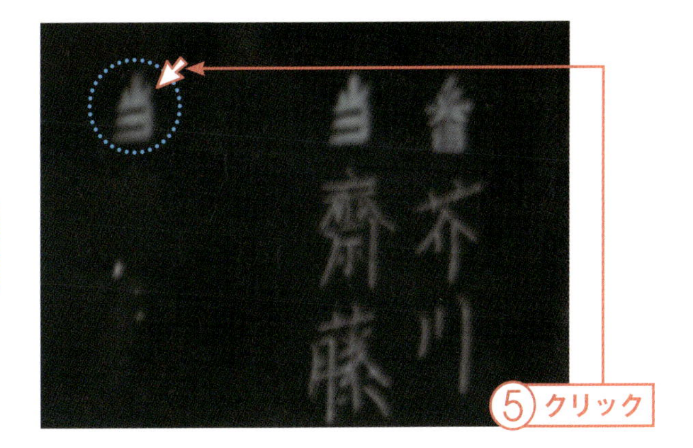

Point 連続してスタンプする

コピースタンプツールのオプションバーで**【調整あり】**のチェックを外すと、直前にコピーした部分を連続してスタンプします。チェックした場合は、スタンプのたびにコピーが必要です。

「コピースタンプツール」のオプションバー

Point コピー&ペーストで貼り付ける

コピースタンプツールを使わなくても、コピー&ペーストで、スタンプのような操作を行うことが可能です。

まずコピーしたい部分を選択し、**【編集】→【コピー】**メニューでクリップボードにコピーします。次にメニューバーから**【編集】→【ペースト】**を選択すると、コピーした部分が貼り付けられます。この方法の場合は、新たにレイヤーが追加されて、そこにコピーした画像が貼り付けられます。

9-6

Sample_9-6.psd　Photo_chapter9.jpg

画像の上に四角形などの図形を描き込む

長方形ツール

「長方形ツール」や「楕円形ツール」を使えば、四角形や円などの図形を画像上に描き込むことができます。図形を使って模様を作ったりすることで、チラシなどの制作物のデザインに幅を持たせることができます。

1 画像を開く

Photoshopを開き、編集する画像を読み込みます。

Photo_chapter9.jpg

2 【長方形ツール】を選択

ツールパネルから**【長方形ツール】**①を選択します。

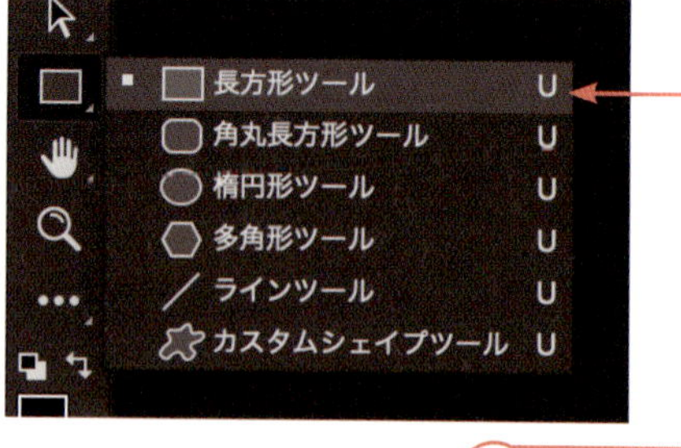

3 長方形を描く

画像の上でドラッグすると②、描画色で塗りつぶした状態で長方形が描かれます。

描画色の設定は、130ページを参照してください。

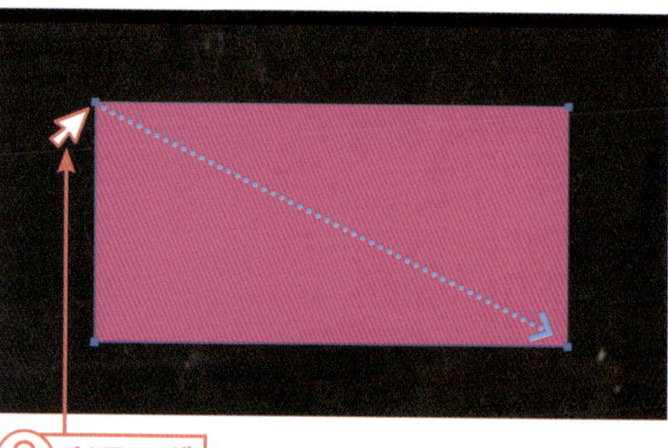

4 図形をラスタライズ

図形は「長方形1」などの名前で追加されたレイヤー上に描画されます。「レイヤー」パネルで図形のレイヤー③を選択して、メニューバーから【レイヤー】→【ラスタライズ】→【シェイプ】④を選択します。

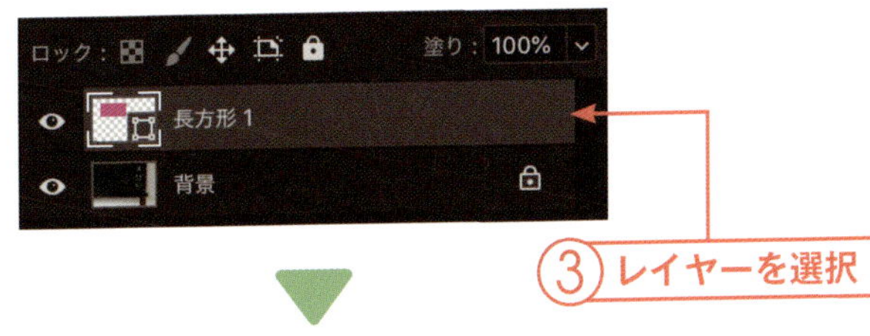

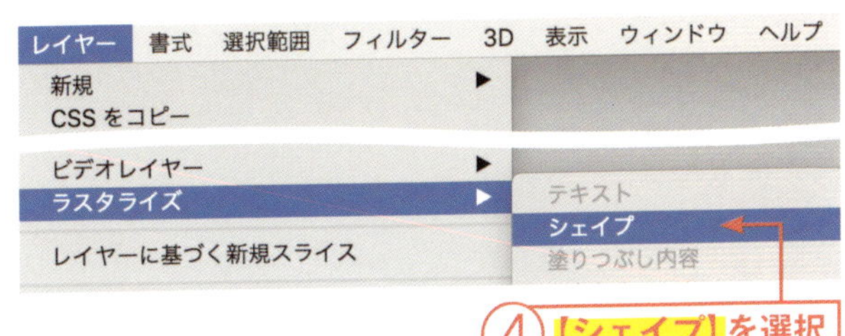

5 完成 Sample_9-6.psd

図形が描画されます。

Point スマートオブジェクトとラスタライズ

図形を作成すると、その図形は「スマートオブジェクト」として登録されます。スマートオブジェクトとは、ベクタ画像オブジェクト（18ページ）のことで、作成後も「属性」パネルを使用して大きさや色などを変更できます。ベクタ画像なので、大きくしてもドットが見えません。

ただし、スマートオブジェクトの状態では、編集できない部分もあります。そのため通常のレイヤーと同じように編集するには、メニューバーから【レイヤー】→【ラスタライズ】→【シェイプ】を選択（あるいは【レイヤー】→【ラスタライズ】→【レイヤー】を選択）してラスタライズを行う必要があります。

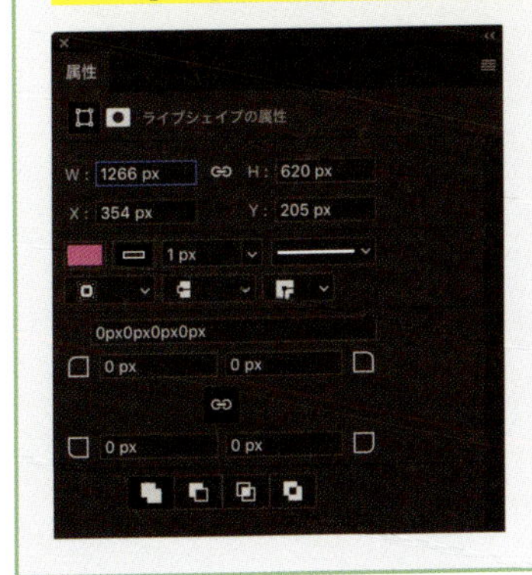

9-7

Sample_9-7.psd　Photo_chapter9.jpg

画像をクリックで塗りつぶす

塗りつぶしツール

「塗りつぶしツール」を使うと、画像の一部分を塗りつぶすことができます。1箇所を同じ色で塗りつぶしたいときに便利なツールです。許容値を調整することによって塗りつぶす範囲を調整できるため、調整しながら塗りつぶしてみましょう。

1 画像を開く

Photoshopを開き、編集する画像を読み込みます。

Photo_chapter9.jpg

2 【塗りつぶしツール】を選択

ツールパネルから【塗りつぶしツール】①を選択します。

①【塗りつぶしツール】を選択

3 画像をクリック

画像上の塗りつぶしたい位置をクリックします②。クリックした位置と同じ色の部分が描画色で塗りつぶされます。

描画色の設定は、130ページを参照してください。

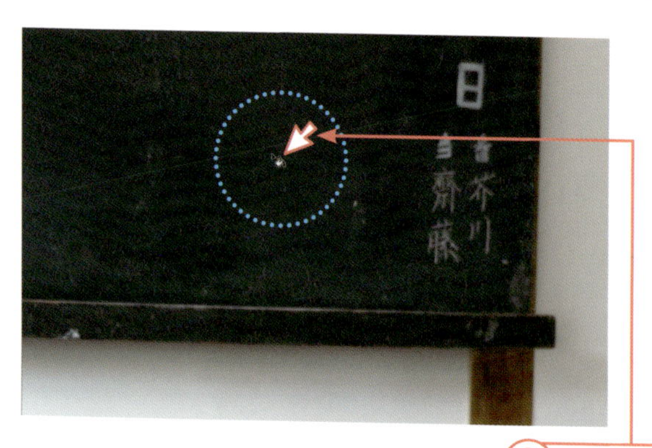

②クリック

完成　Sample_9-7.psd

クリックした位置と同じ色の部分が塗りつぶされました。

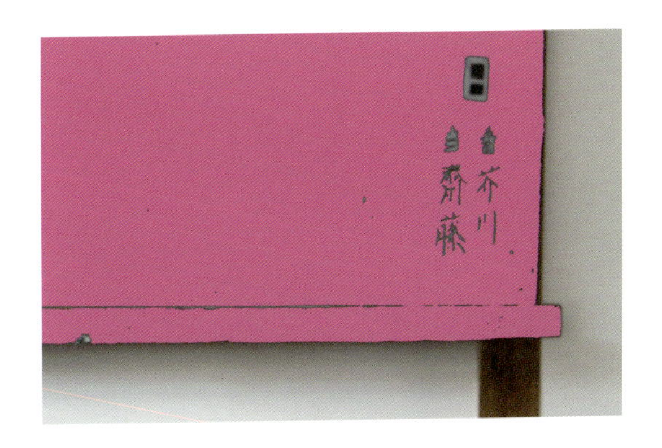

Point 「許容値」と「隣接」

塗りつぶしツールを選択して画像上をクリックすると、クリックした部分の色を判別し、同じ色の部分を描画色で塗りつぶしてくれます。**【許容値】**は色の判別の厳密さを設定します。値が大きいほど一度のクリックで塗りつぶす範囲が広くなります。

【隣接】をチェックすると、クリックした位置と隣接した範囲にある同じ色の部分だけを塗りつぶします。チェックを外すと、画像全体の同じ色部分を塗りつぶします。

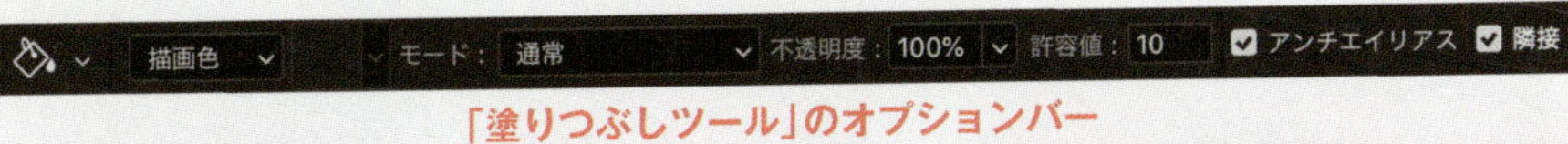

「塗りつぶしツール」のオプションバー

許容値：3

許容値：10

隣接：チェックあり

隣接：チェックなし

Point 選択した範囲内だけを塗りつぶす

選択ツールを使うと、選択した範囲内だけを塗りつぶすことができます。まず選択ツールで塗りつぶす範囲を選択し、ツールパネルで「塗りつぶしツール」を選択した状態で、選択範囲内をクリックします。範囲を選択した場合は、選択範囲の外をクリックしても塗りつぶしは行われません。

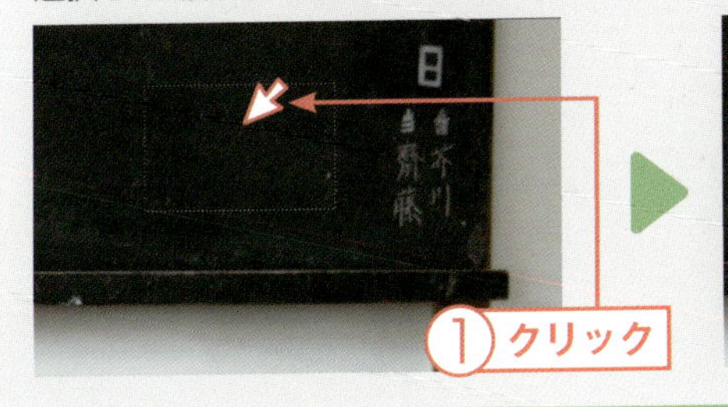

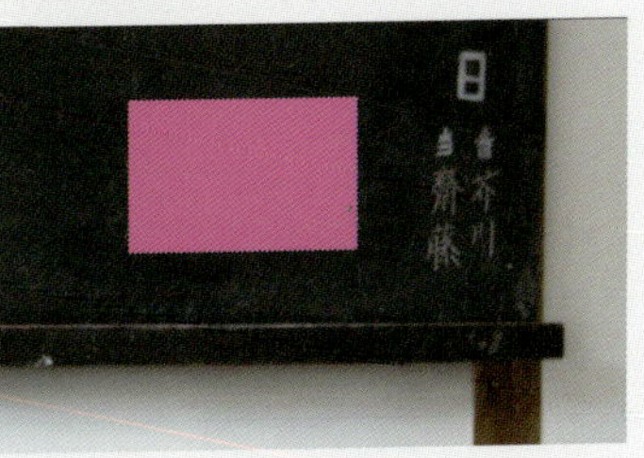

9-8

Sample_9-8.psd　Photo_chapter9.jpg

画像をグラデーションで塗りつぶす

グラデーションツール

「グラデーションツール」を使うと、選択した場所をグラデーションで塗りつぶせます。グラデーションのカラーや向きは自由に選べるので、グラデーションを覚えておくことで、編集の幅が広がるでしょう。

1 画像を開く

Photoshopを開き、編集する画像を読み込みます。

Photo_chapter9.jpg

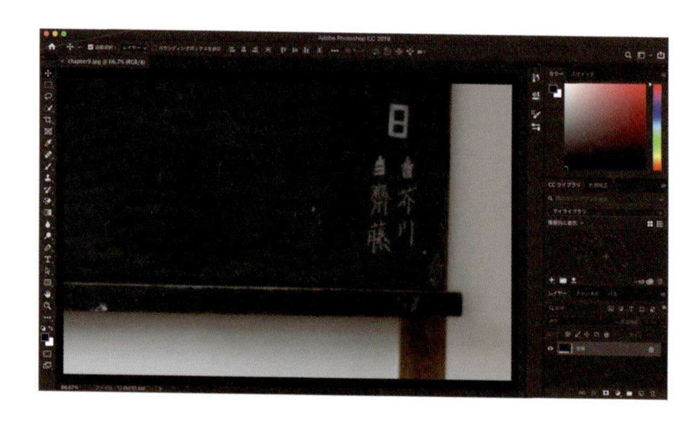

2 範囲を選択

選択ツールで塗りつぶす範囲を選択します。ここでは、ツールパネルから【楕円形選択ツール】①を選択して、円形に範囲を選択しています②。

範囲を選択しない場合は、画像全体が塗りつぶされます。

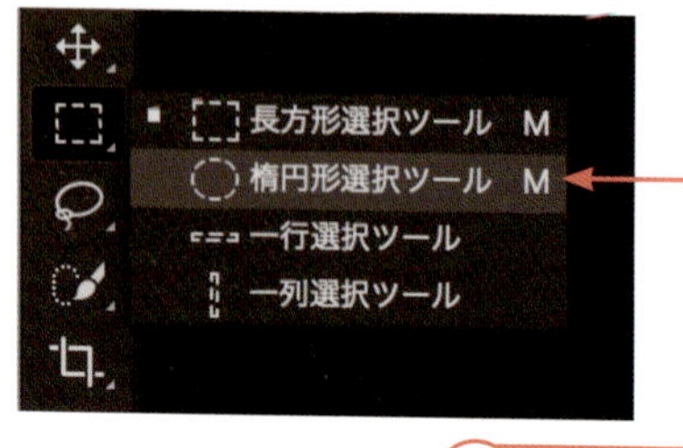

①【楕円形選択ツール】を選択

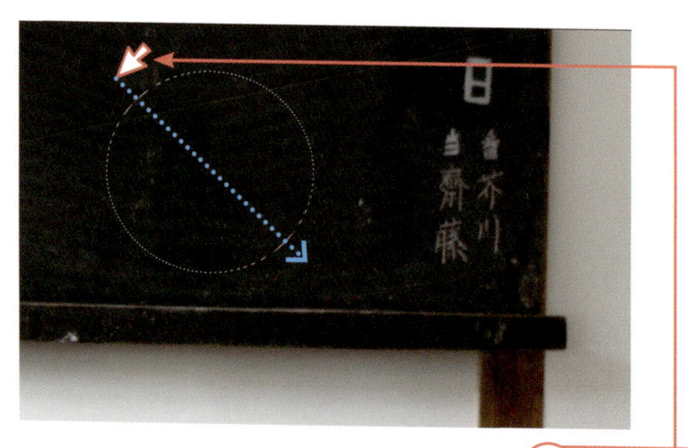

②ドラッグ

③【グラデーションツール】を選択

ツールパネルから**【グラデーションツール】**③を選択します。

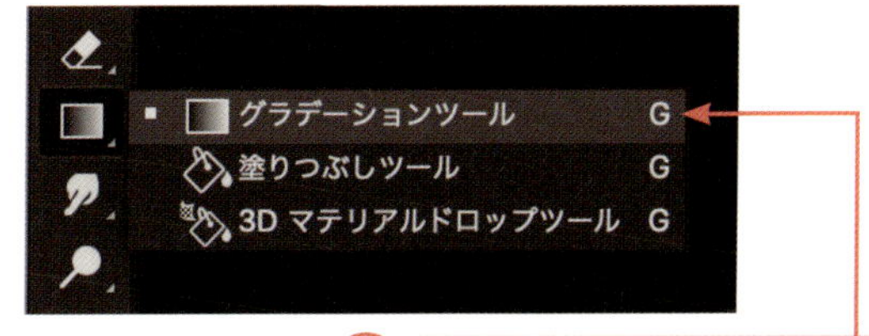

④ 範囲をドラッグ

塗りつぶす範囲の上をドラッグします④。

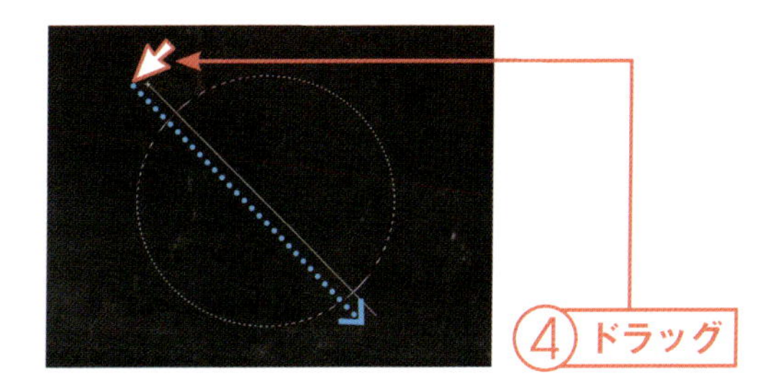

⑤ 完成　Sample_9-8.psd

選択範囲内がグラデーションで塗りつぶされます。

Point グラデーションの色と向き

グラデーションは、基本的には「描画色」から「背景色」へと変化していきます。色の設定は、ツールパネルの**【描画色を設定】**あるいは**【背景色を設定】**を選択したときに表示される「カラーピッカー」か、**【ウィンドウ】→【カラー】**で表示される「カラー」パネルで行います（130ページ）。

グラデーションの向きは、ドラッグした方向に合わせて変わります。また、ドラッグする距離に合わせて、色の割合も変化します。

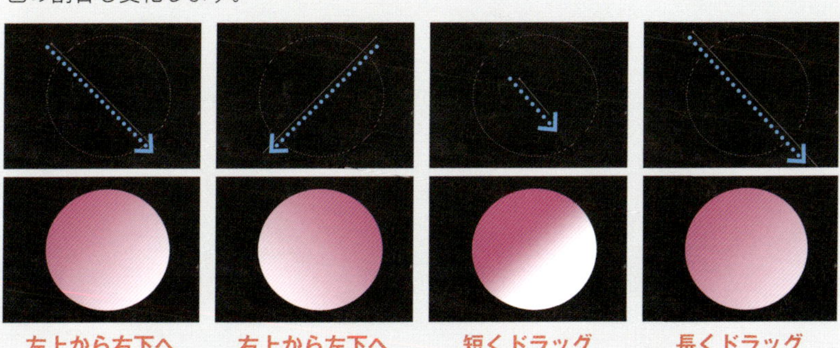

左上から右下へドラッグ　右上から左下へドラッグ　短くドラッグ　長くドラッグ

Point グラデーションのパターン

オプションバーで、グラデーションのパターンを変更することができます。さまざまなパターンが用意されていて、新規にパターンを作成することも可能です。

描画色から背景色へ　透明（ストライプ）　透明（虹）

■ スポイトツールで描画色を設定する

「スポイトツール」を使うと、描画色に画像内の一部と同じ色を設定できます。やり方は、ツールパネルで**【スポイトツール】**①を選び、画像の中で描画色に設定したい色をクリックするだけです②。画像の中と色味を統一し、馴染ませたい場合になどに有効です。

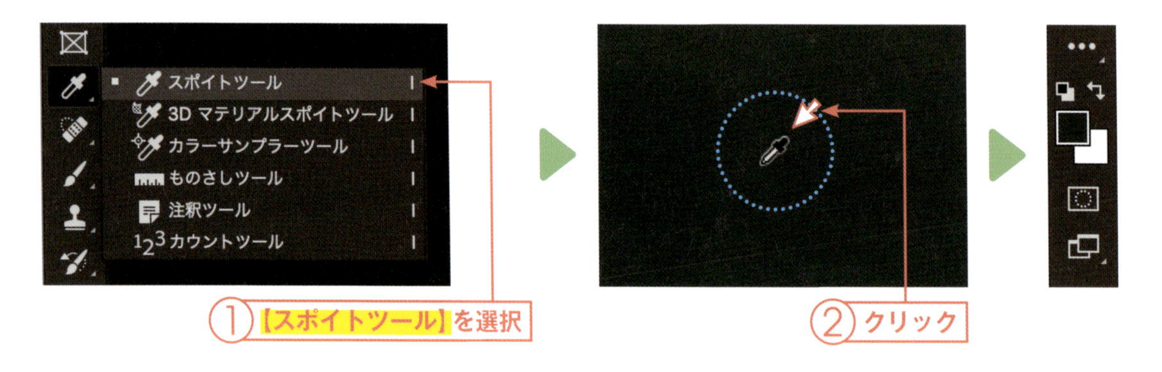

第10章

画像に文字を入れる

Photoshopでは、画像に文字を入れることができます。文字の入れ方を覚えると、画像を使ってチラシやポスター、ポストカードなどを作ることもできます。文字はただ入力するだけでなく、大きさやフォント、色を変えたり、文字の形に切り抜いたりすることも可能です。この章では、文字の入れ方、入れた文字の修正の仕方などをご紹介します。

10-1

Sample_10-1.psd　Photo_chapter10.jpg

画像の上に文字を重ねて入力する

文字ツール

「文字ツール」を使うと、画像に文字を入れられます。文字は縦書き、横書き、自由に設定可能です。写真などにメッセージを入れたい場合に使うと良いでしょう。また、文字は文字用の特別なレイヤーとして作られるため、文字用のレイヤーである限り、何度でも修正できます。

1 画像を開く

Photoshopを開き、編集する画像を読み込みます。

Photo_chapter10.jpg

2 【横書き文字ツール】を選択

ツールパネルから【横書き文字ツール】①を選択します。

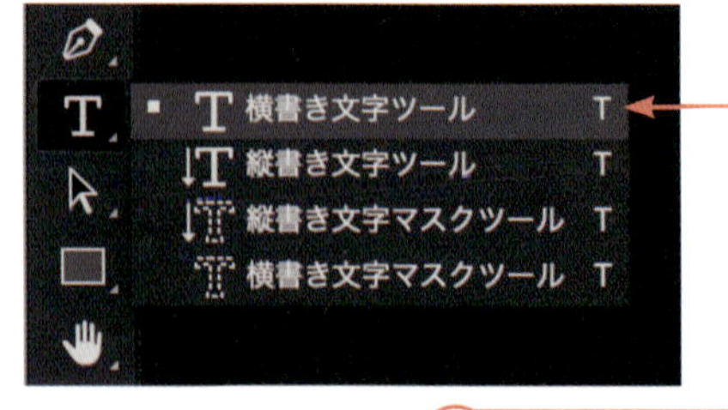

3 入力位置をクリック

文字を入れたい場所②をクリックします。

クリックすると、文字の入力枠と一緒にサンプルの英字が表示されます。表示された英字はdeleteキーなどで削除しましょう。

4 完成 Sample_10-1.psd

文字を入力します。別のツールを選ぶか、画像上でマウスをクリックすると入力が完了します。

文字の書式(フォントや大きさ、色など)はテキストレイヤープロパティ(149ページ)で設定します。

Point 縦書きで文字を入れる

文字は横だけでなく、縦書きで入れることも可能です。縦書きの文字を入れるためには、ツールパネルから【縦書き文字ツール】①を選択し、文字を入れたい場所をクリックして入力します②。

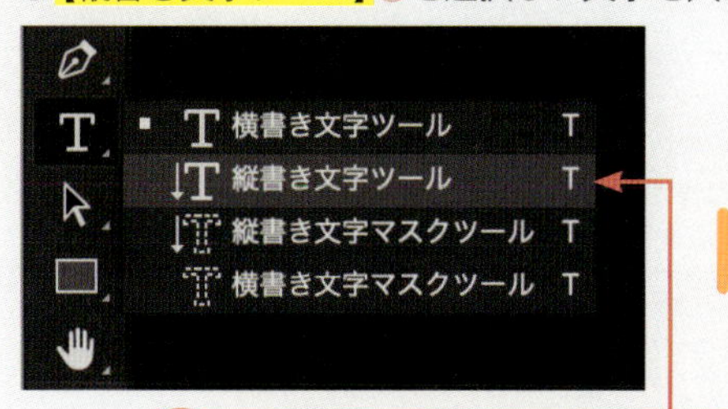

Point 文字用のレイヤーが追加される

横書き文字ツール・縦書き文字ツールを使って文字を入力すると、画像のレイヤーの上に文字用のレイヤーが追加されます。文字用のレイヤーは、文字の情報を「フォント」として持っているため、文字を後から自由に変更できます。

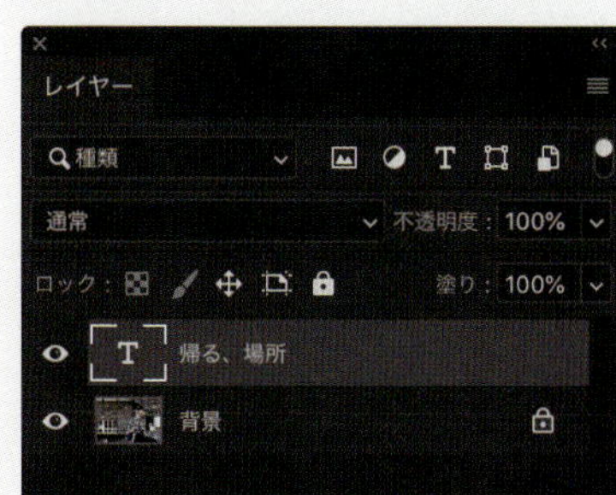

帰る、場所

▶10-2

Sample_10-1.psd〜10-2.psd

入力した文字を後から編集する

文字ツール

「文字ツール」で入力した文字は、後から自由に変更できます。文字自体はもちろん、フォントの大きさ、色、種類なども変更可能です。文字の入力を間違えた場合や、文字の大きさなどを変更したいときに使いましょう。

1 ドキュメントを開く

文字を入力したドキュメントを開きます。ここでは、前節で作成したサンプル（10-1.psd）を開いています。

Sample_10-1.psd

2 レイヤーを選択

「レイヤー」パネルで文字用のレイヤーを選択します①。

「レイヤー」パネルは、メニューバーから【ウィンドウ】→【レイヤー】を選択することで表示されます。

①レイヤーを選択

3 【横書き文字ツール】を選択

ツールパネルから【横書き文字ツール】②を選択します。

縦書きの場合は【縦書き文字ツール】を選択して編集します。

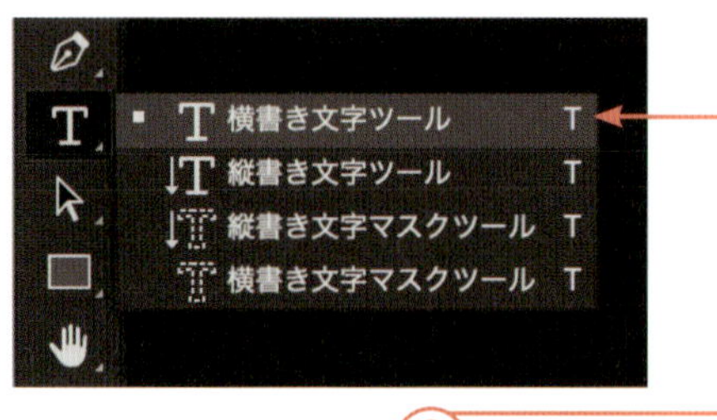

②【横書き文字ツール】を選択

4 文字を編集 Sample_10-2.psd

文字③をクリックすると編集可能になるので、文字を選択して編集を行います。

フォントと大きさを変更する

「テキストレイヤープロパティ」を使うと、テキストのフォント、大きさ、色を変えられます。テキストレイヤープロパティは、「属性」パネルから設定することができます。

編集する文字を選択した状態で、メニューバーから【ウィンドウ】→【属性】①を選択して「属性」パネルを開きます。「属性」パネルで表示されたテキストレイヤープロパティを設定します。以下の例では、文字の大きさと色、フォントの種類を変更しています。

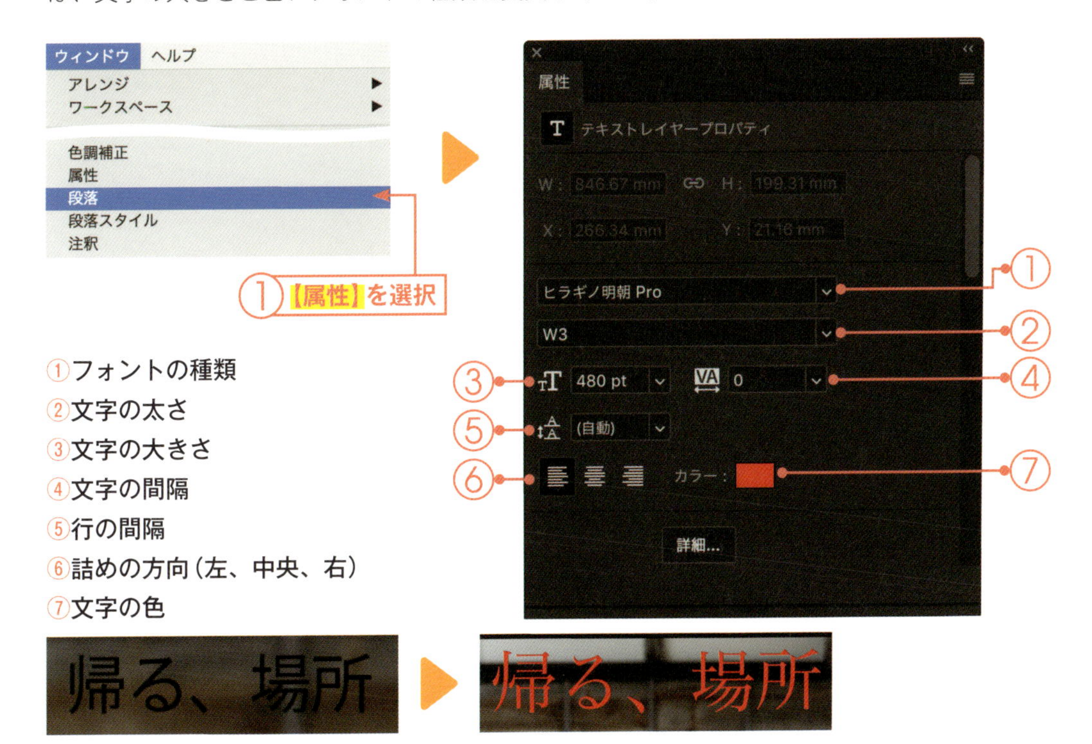

①フォントの種類
②文字の太さ
③文字の大きさ
④文字の間隔
⑤行の間隔
⑥詰めの方向（左、中央、右）
⑦文字の色

Point オプションバーで書式を設定する

オプションバーでもフォントや大きさ、色を設定できます。オプションバーで設定した内容に合わせて文字が入力されます。また、オプションバーでの設定は、連動して「属性」パネルのテキストレイヤープロパティに反映されます。

▸10-3

Sample_10-3.psd　Photo_chapter10.jpg

コピー&ペーストで文字を入力する

文字ツール

Photoshopでは、画像にコピーした文字を入れることもできます。文字などを一字一句間違いなく表現したい場合や、長い文章などを入力したい場合に便利です。貼り付けた文字も、通常の文字と同じように編集が可能です。

1 画像を開く

Photoshopを開き、編集する画像を読み込みます。

Photo_chapter10.jpg

2 【横書き文字ツール】を選択

ツールパネルから【横書き文字ツール】①を選択します。

縦書きの文字を入力する場合は【縦書き文字ツール】を選択します。

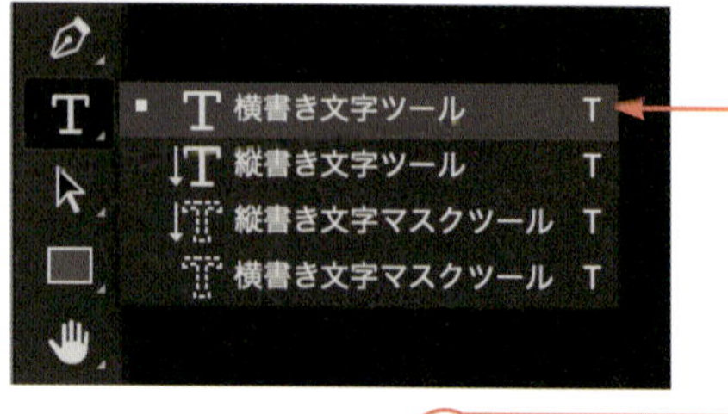

①【横書き文字ツール】を選択

3 入力位置をクリック

文字を入れたい場所②をクリックします。

文字は、テキストレイヤープロパティ（149ページ）の設定にしたがって貼り付けられます。

②クリック

4 【ペースト】を選択

メニューバーから**【編集】→【ペースト】**③を選択します。

> 文字を入れたい場所をクリックし、続けて右クリックで表示されるメニューから**【ペースト】**を選択することでも貼り付けを行えます。

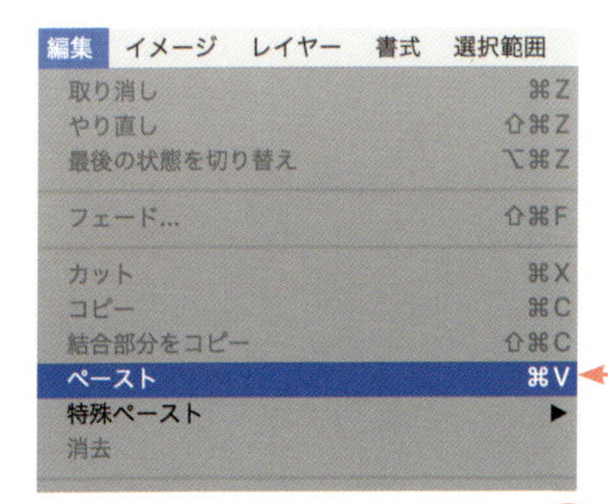

5 完成 Sample_10-3.psd

クリップボードにコピーしておいた文字が貼り付けられます。

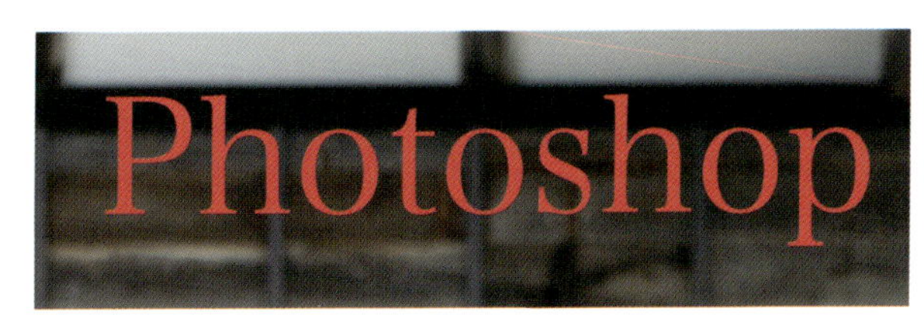

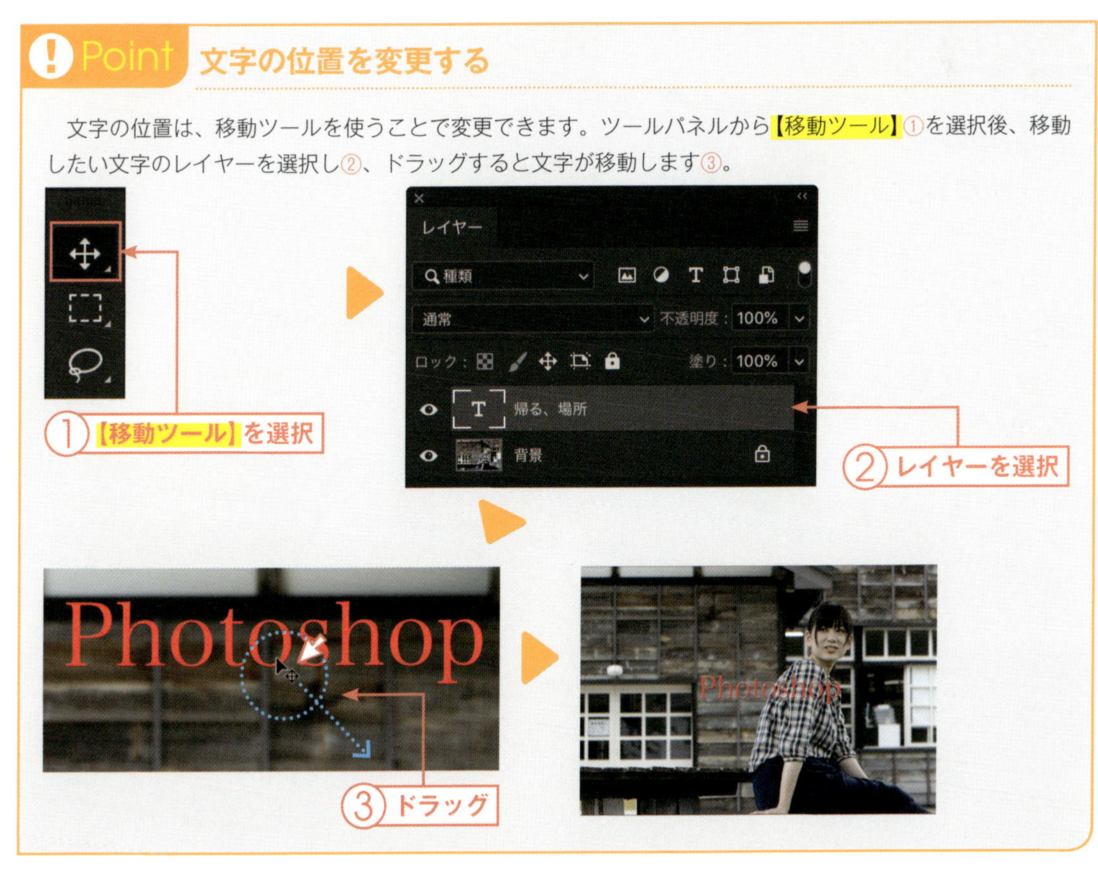

Point 文字の位置を変更する

文字の位置は、移動ツールを使うことで変更できます。ツールパネルから**【移動ツール】**①を選択後、移動したい文字のレイヤーを選択し②、ドラッグすると文字が移動します③。

10-4

Sample_10-4.psd　Photo_chapter10.jpg

文字の形に画像を切り抜く

文字マスクツール

「文字マスクツール」を使うと、文字の形に切り抜くことができます。文字マスクツールは、入力した文字の形に選択ができるツールで、これを使うことによって、文字の形に画像を切り抜いたり、文字の形に塗りつぶしたりすることが可能になります。

1 画像を開く

Photoshopを開き、編集する画像を読み込みます。

Photo_chapter10.jpg

2 【横書き文字マスクツール】を選択

ツールパネルから【横書き文字マスクツール】①を選択します。

縦書きの文字を切り抜くには、【縦書き文字マスクツール】を選択します。

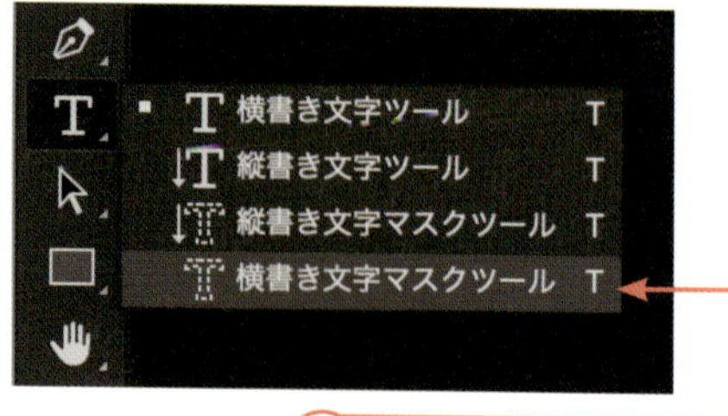

3 書式を設定

オプションバーで、文字の書式(フォント②や大きさ③)を設定します。ここでは、フォントを「ヒラギノ角ゴPro」、大きさを「480pt」に設定しています。

④ 文字を入力

入力開始位置をクリックで選択して、文字を入力します④。

> 文字マスクツールを選択して画像をクリックすると、画像全体が赤く表示されます。

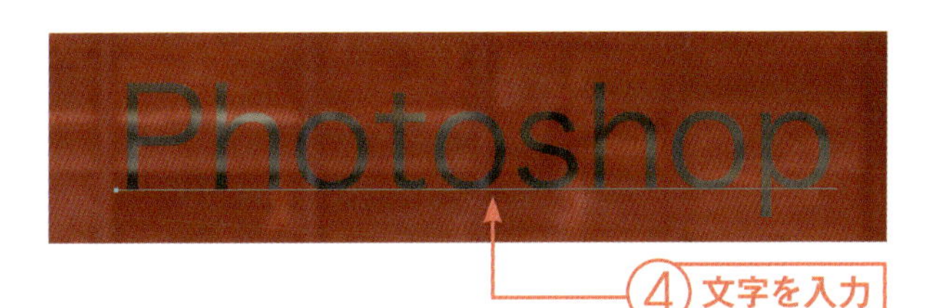

⑤ 範囲を選択

別のツールを選ぶか、画像上でマウスをクリックすると入力が完了し、文字の形に範囲が選択されます。

⑥ レイヤーに変換

メニューバーから【レイヤー】→【新規】→【背景からレイヤーへ】⑤を選択します。レイヤー名⑥を入力して、【OK】⑦をクリックします。

> 「背景」に対して切り抜き（カット）を行うと、背景色で塗りつぶされます。そのため、ここでは「背景」を通常のレイヤーに変換しています。

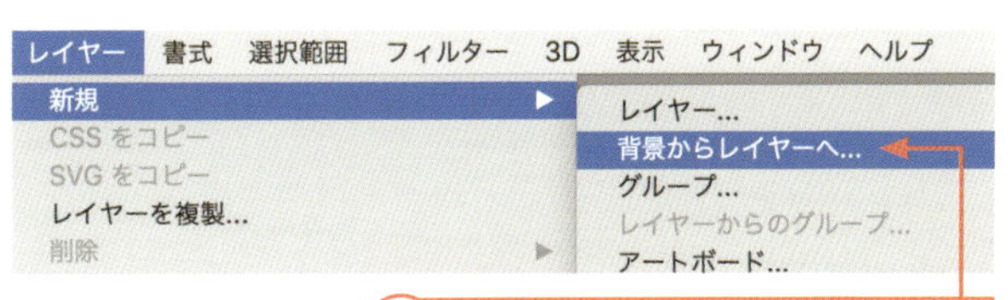

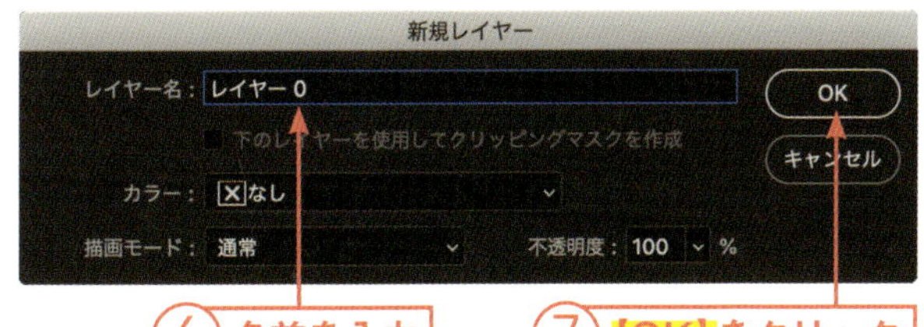

⑦ 切り抜き

メニューバーから【編集】→【カット】⑧を選択します。

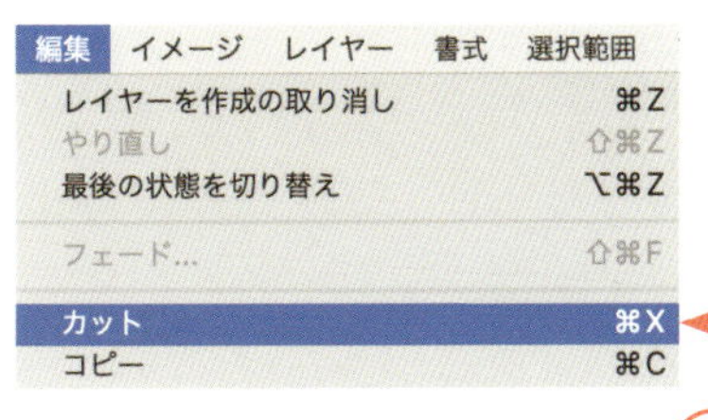

⑧ 完成 Sample_10-4.psd

画像が文字の形に切り抜かれます。

> ここでは切り抜きを行いましたが、色やグラデーションでの塗りつぶしなどを行うこともできます。

フォントの種類

フォントにはさまざまな種類があり、Photoshopでは、これを自由に設定できます。ここではいくつかのフォントの種類をご紹介します。

▶明朝体

日本で一般的に使用されているフォントです。筆で書いたように、線に強弱があります。明朝体は落ち着いた雰囲気を持つフォントなので、公文書や大人っぽい雰囲気の広告によく使われます。

▶ゴシック体

こちらも日本で広く使われているフォントです。線の太さが同じで、目につきやすいのが特徴です。ポップな印象のため、親近感を持たせたい場合や、文書の見出しなどに使われることが多いです。

▶筆書体

明朝体よりも筆の特徴が強いフォントです。行書体や隷書体などがあります。明朝体やゴシック体ほど広く使われませんが、和風のデザインなどに利用されることが多いです。

▶デザイン体

上記のいずれに当てはまらないフォントです。飾り文字や手書き文字など、個性の強いものもあります。一般的にはあまり使用されませんが、デザイン性の高い広告や個性を出したいものなどで利用されることがあります。

はじめてのフォトショップ
小塚ゴシック

はじめてのフォトショップ
游明朝体

はじめてのフォトショップ
游ゴシック

はじめてのフォトショップ
ヒラギノ明朝Pro

はじめてのフォトショップ
ヒラギノ角ゴPro

はじめてのフォトショップ
ヒラギノ丸ゴPro

はじめてのフォトショップ
クレー

はじめてのフォトショップ
メイリオ

はじめてのフォトショップ
凸版文久見出し明朝

はじめてのフォトショップ
たぬき油性マジック

! Point 使用可能なフォント

Photoshopでは、使用しているパソコンにインストールされているフォントを利用可能です。そのため、フリーフォントなどをパソコンにインストールすれば、そのフォントも使えるようになります。

第11章

ポストカードを作ってみよう

ひと通りPhotoshopについて学んできました。ここからは総仕上げとして、コラージュを使ったポストカードを作成してみましょう。ここまでで学んだことを活かして作れるようにしているので、ぜひ自分で撮った写真などを応用して作ってみてください。

11-1

Sample_11.psd　Photo_chapter11a.jpg~chapter11f.png

写真を読み込んでドキュメントを作成する

ドキュメントの作成

まずは写真をPhotoshopで読み込みましょう。ここでは既存の写真を使ってコラージュを作っていきます。コラージュを作る場合には複数の画像を使うため、使用する全ての画像を開いておきましょう。

1 Photoshopを開く

Photoshopを開き、ポストカードに使用する写真のデータを読み込んでドキュメントを作成します。詳しくは30ページを参照してください。

2 【開く】を選択

メニューバーから【ファイル】→【開く】①を選択します。

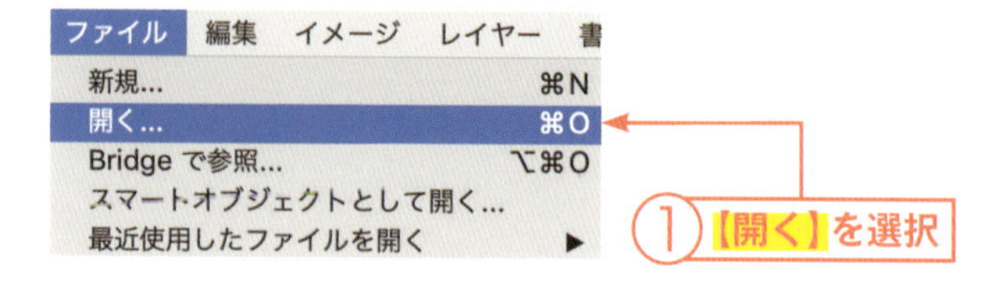

3 写真を開く

開く写真②を選択し、【開く】③をクリックします。

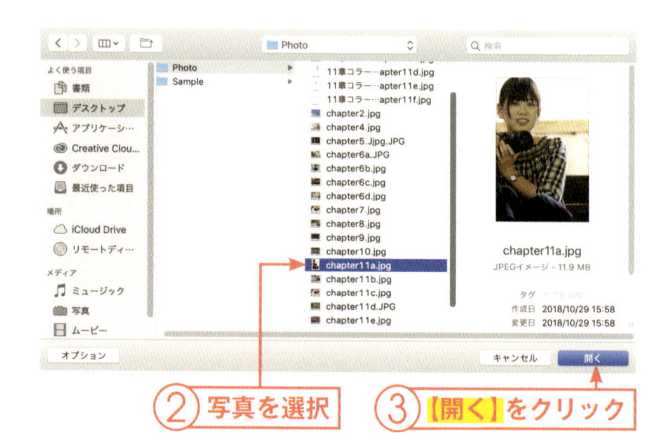

Photo_chapter11.jpg

4 ドキュメントの作成

写真に合わせてドキュメントが作成されます。

5 レイヤーに変換

「背景」を通常のレイヤーに変更します。「レイヤー」パネルで「背景」④を選択して、メニューバーから【レイヤー】→【新規】→【背景からレイヤーへ】⑤を選択します。レイヤー名⑥を入力して【OK】⑥をクリックすると、レイヤーに変換されます。

開いた画像が「背景」になっている場合には、通常のレイヤーにしておきましょう。背景のままでは、移動や回転などの編集を行うことができません。

「レイヤー」パネルは、メニューバーから【ウィンドウ】→【レイヤー】を選択することで表示されます。

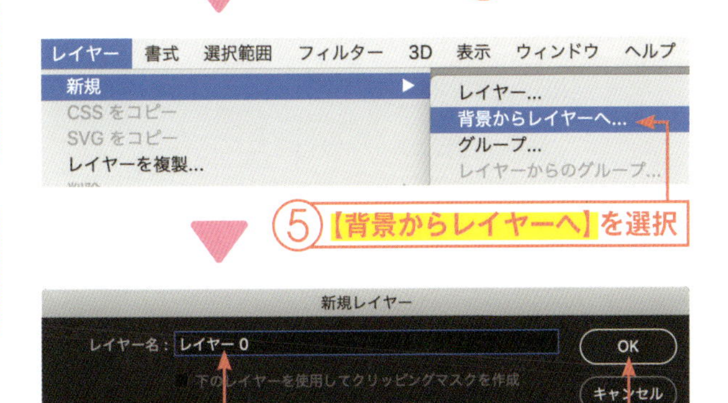

5 完成

「背景」が通常のレイヤーに変換されました。

その他の写真も、同様に読み込んでから「背景」をレイヤーに変換しておきましょう。

11-2

Sample_11.psd　Photo_chapter11a.jpg~chapter11f.png

写真の明るさや色あいなどを調整する

色や明るさの調整

コラージュに使用する写真を開いたら、レベル補正、明るさ・コントラスト、色相・彩度調整などで写真を加工していきましょう。明るさや彩度などをコントロールし、他のコラージュ写真と近付けることで、統一感のある作品にできます。

写真の明るさを調整する

「レベル補正」を使うと、写真の明るさを調整できます。ここでは少し逆光気味で肌が暗く見えるため、肌を明るく見せるように調整していきます。詳しくは74ページを参照してください。

1 写真を選択

ドキュメントウィンドウのタブで加工する写真①を選択し、「レイヤー」パネルで写真のレイヤー②を選択します。

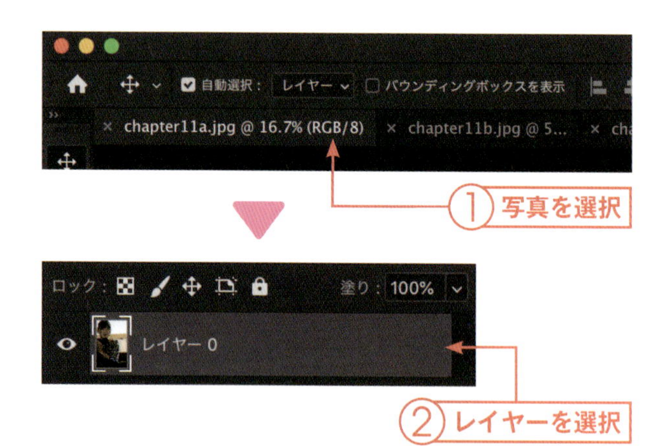

2 明るさを調整

メニューバーから**【イメージ】→【色調補正】→【レベル補正】**を選択して「レベル補正」ダイアログを表示します。**【入力レベル】**③のツマミで明るさを調整し、**【OK】**④をクリックします。ここでは「0、1.22、222」に設定しています。

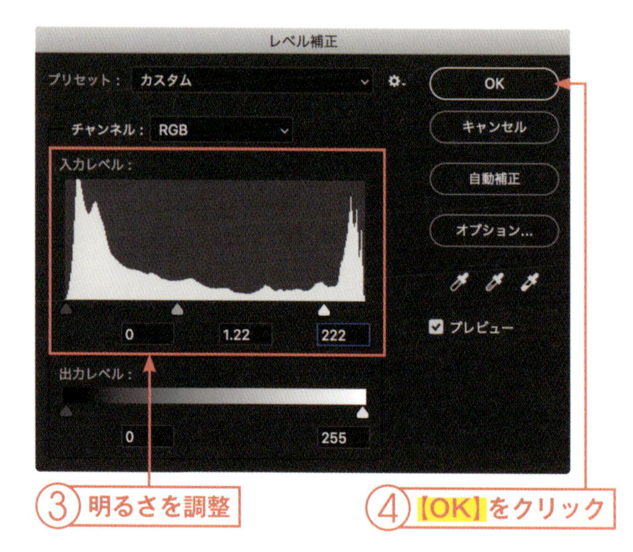

写真のコントラストを調整する

「明るさ・コントラスト」でコントラストを調整します。ここでは少しコントラストを上げて、人物をシャープに見せています。詳しくは73ページを参照してください。

1 コントラストを調整

メニューバーから【イメージ】→【色調補正】→【明るさ・コントラスト】を選択して「明るさ・コントラスト」ダイアログを表示します。【コントラスト】①のツマミを調整し、【OK】②をクリックします。

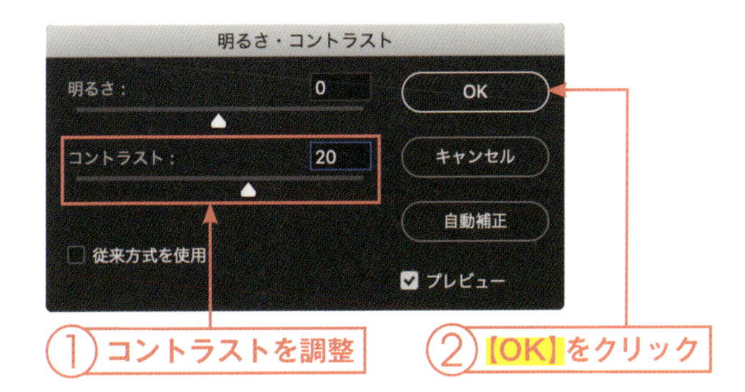

写真の色あいや鮮やかさを調整する

「色相・彩度」を使うと、色相や彩度の調整ができます。ここでは写真が鮮やかに見えるように、色相と彩度を上げています。詳しくは76ページを参照してください。

1 色相と彩度を調整

メニューバーから【イメージ】→【色調補正】→【色相・彩度】を選択して「色相・彩度」ダイアログを表示します。【色相】と【彩度】①のツマミを調整し、【OK】②をクリックします。

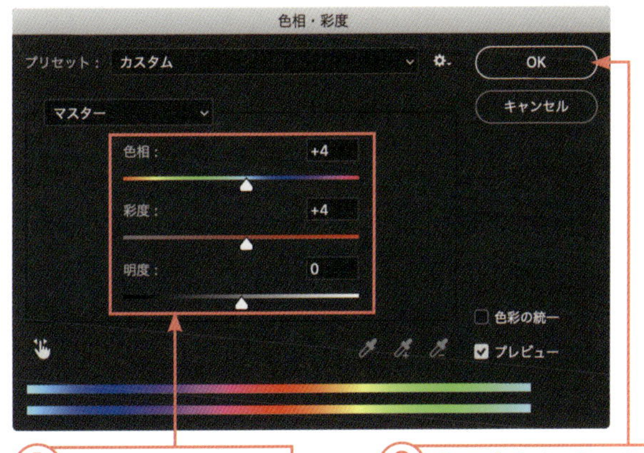

完成

画像が調整されます。

その他の写真も、同様に明るさなどを調整しておきましょう。

11-2 色や明るさの調整

▶11-3 Sample_11.psd Photo_chapter11a.jpg～chapter11f.png

必要な部分だけを選択して切り抜く

画像の切り抜き

コラージュでは写真の背景は使用しません。そのため、背景を切り取って削除してしまいましょう。はっきりした対象を切り取るには「マグネット選択ツール」が便利ですが、「なげなわツール」や「自動選択ツール」なども使って、対象に沿って選択します。

1 レイヤーの選択

切り抜きを行う写真のレイヤー①を選択します。

ドキュメントウィンドウの上にあるタブで、編集する写真を切り替えられます。

2 【マグネット選択ツール】を選択

ツールパネルから【マグネット選択ツール】②を選択します。

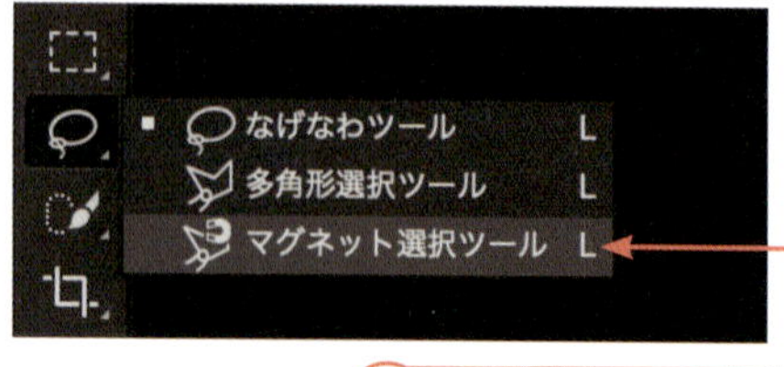

3 範囲を選択

必要な部分の周囲をなぞるようにドラッグして、背景部分を選択していきます③。

「なげなわツール」や「自動選択ツール」も使って、輪郭をきれいに選択していきましょう。選択を行うときは、「ズームツール」で拡大表示すると便利です。

4 背景を削除

範囲が選択できたら、メニューバーから【編集】→【カット】④を選択して背景を削除します。

編集　イメージ　レイヤー　書式　選択範囲
選択範囲を反転の取り消し　⌘Z
消去のやり直し　⇧⌘Z
最後の状態を切り替え　⌥⌘Z
フェード...　⇧⌘F
カット　⌘X
コピー　⌘C
結合部分をコピー　⇧⌘C

④【カット】を選択

5 完成

必要な部分だけが切り抜かれました。もしも人物を削除してしまった場合は、メニューバーから【選択範囲】→【選択範囲を反転】を選択して、背景を選択するようにしてください（59ページ）。

その他の写真も、同様に必要な部分のみを切り抜いておきましょう。

Point 細かい部分は、なげなわツールで調整

マグネット選択ツールで選択できなかった部分は、なげなわツールを「選択範囲に追加」の状態にして選択したい部分をドラッグすると、選択できなかった部分が追加で選択できます。

逆に余計な部分を選択してしまった場合には、同じくなげなわツールを「選択範囲から一部削除」にし、選択したくない部分をドラッグすると、選択範囲から除くことができます。どちらもツールパネルで【なげなわツール】を選択後、メニューバーの下に表示されるオプションバーで選択できます。

また、自動選択ツールや消しゴムツールなども使えるため、さまざまな組み合わせでキレイに切り取っていきましょう。

ぼかし：0 px　アンチエイリアス

「マグネット選択ツール」のオプションバー

11-4

Sample_11.psd　Photo_chapter11a.jpg~chapter11f.png

写真をコピーして重ね合わせる

画像の重ね合わせ

全ての画像の必要な部分を切り抜いたら、人物の写真に重ね合わせていきます。基本的には各画像をコピーして、人物の写真にペーストしていく作業です。ペーストした画像は、新しいレイヤーとして貼り付けられます。

1 写真を選択

コラージュする写真のドキュメントのタブ①をクリックし、「レイヤー」パネルで写真のレイヤー②を選択します。

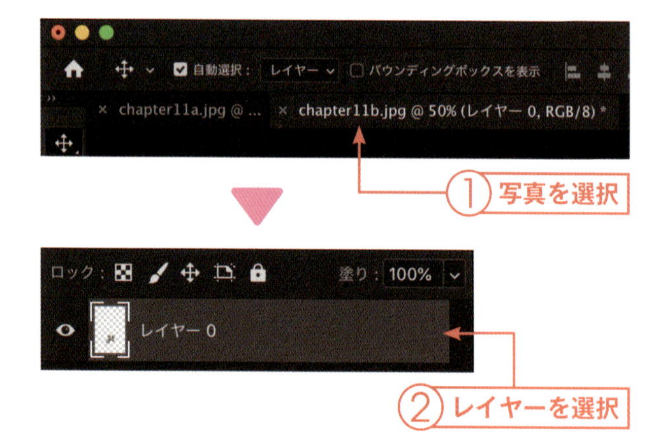

2 範囲を選択

ツールパネルで【長方形選択ツール】を選択し、写真の使用する部分を範囲選択します③。

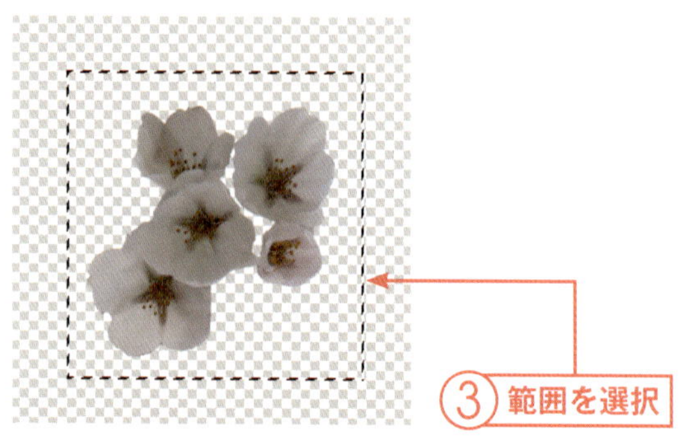

3 写真をコピー

範囲が選択できたら、メニューバーから【編集】→【コピー】④を選択します。

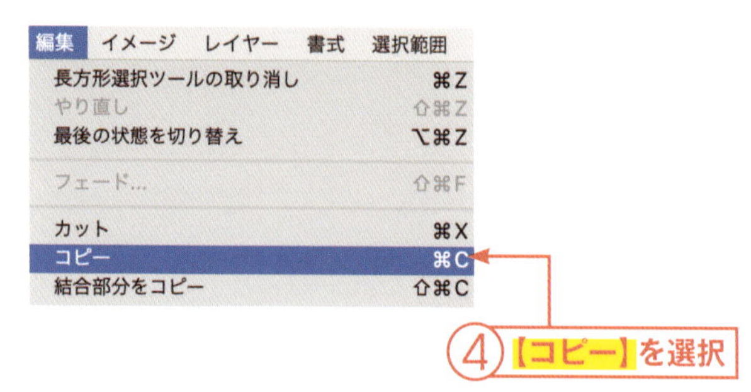

4 写真を選択

人物の写真のドキュメントのタブ⑤をクリックし、「レイヤー」パネルで写真のレイヤー⑥を選択します。

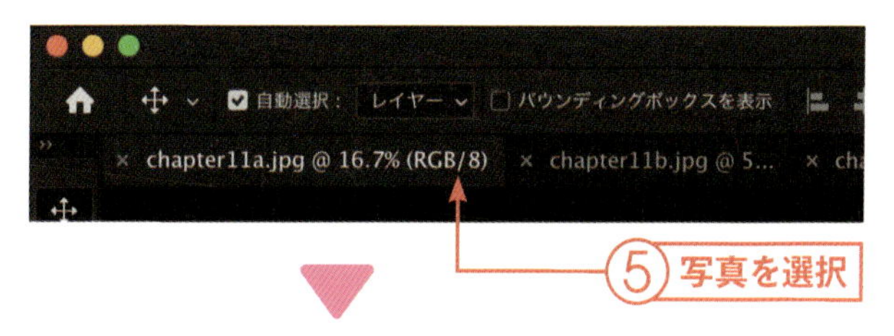

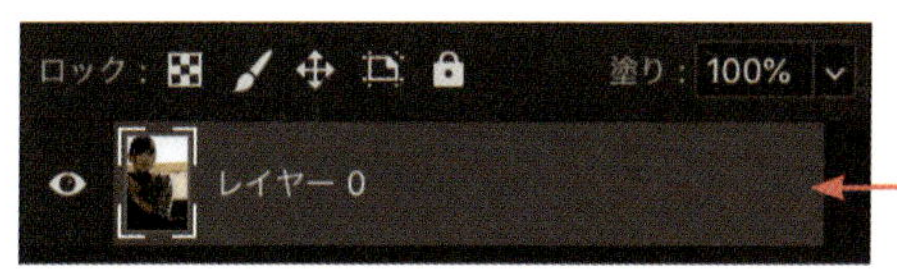

5 写真を貼り付け

メニューバーから【編集】→【ペースト】⑦を選択します。

その他の写真も、同様にコピーして貼り付けていきましょう。同じものを複数使用する場合は、必要な数だけ貼り付けを行うか、貼り付け後にレイヤーを複製（44ページ）しましょう。

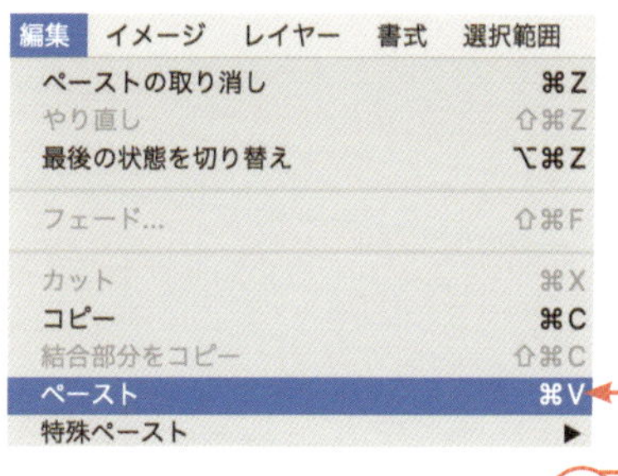

6 完成

レイヤーが作成され、コラージュする写真が貼り付けられます。

ドキュメントは、メニューバーから【ファイル】→【別名で保存】を選択して、「psd」形式で保存しておきましょう。

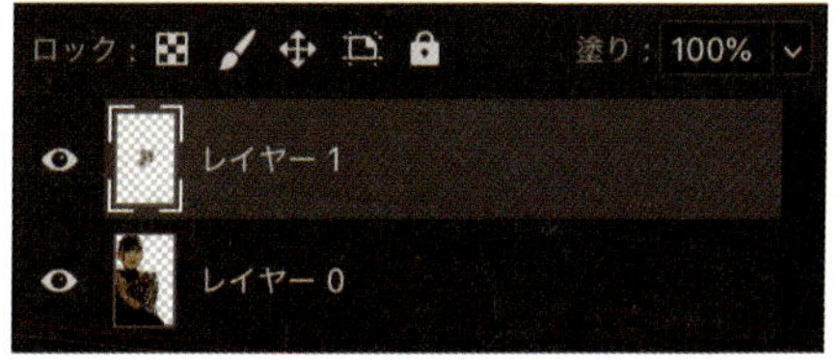

11-5

Sample_11.psd　Photo_chapter11a.jpg〜chapter11f.png

写真の向きや大きさを調整して配置する

位置や大きさの調整

各レイヤーの画像をバランス良く配置していきます。位置を変えるためには「移動ツール」、大きさを変えるためには「自由変形」、画像の向きを変えるためには「回転」など、配置のためにはさまざまなツールが使えます。

写真を回転させる

「回転」を使って、写真の向きを回転させます。詳しくは108ページを参照してください。

1 レイヤーを選択

調整を行う写真のレイヤー①を選択します。

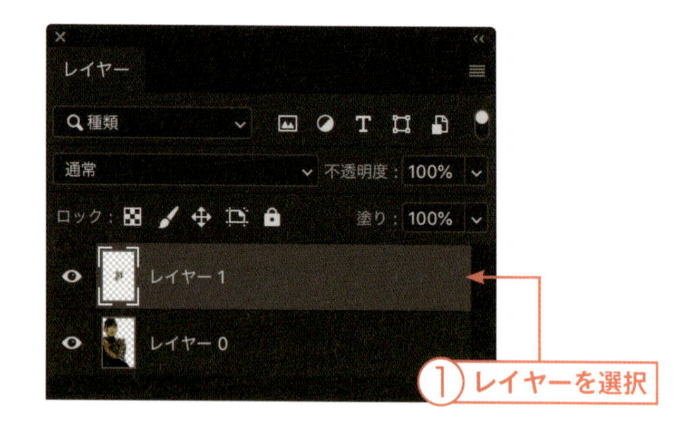

2 【回転】を選択

メニューバーから**【編集】→【変形】→【回転】**②を選択します。

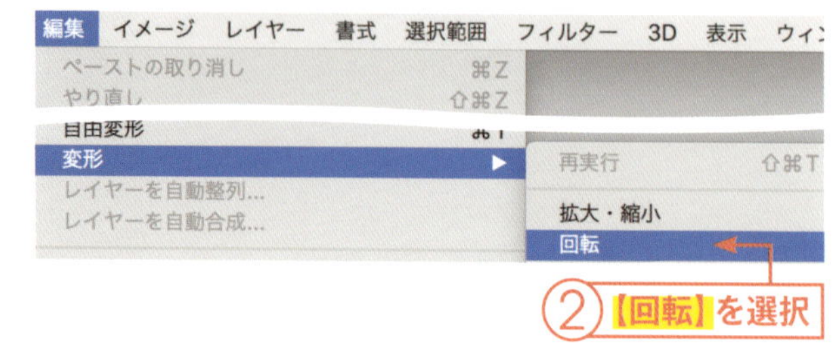

3 写真を回転

バウンディングボックスをドラッグして③、写真を回転させます。enterキーを押すと、回転が適用されます。

ここでは、確認しやすいように人物の写真を一時的に非表示にしてあります。

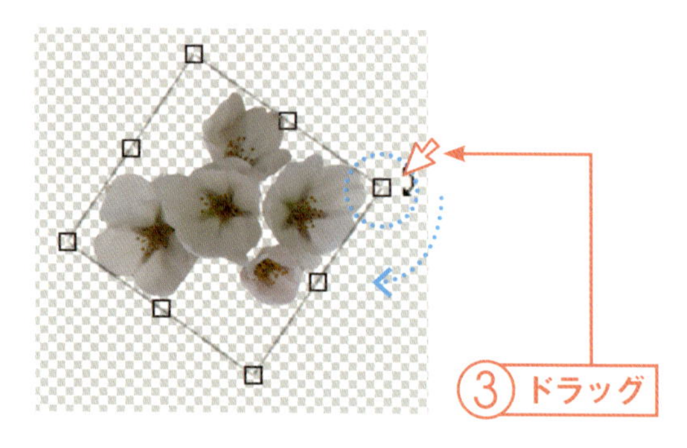

写真の大きさを変更する

「自由変形」を使って、写真の大きさを変更します。詳しくは120ページを参照してください。

1 【自由変形】を選択

メニューバーから【編集】→【変形】→【自由変形】①を選択します。

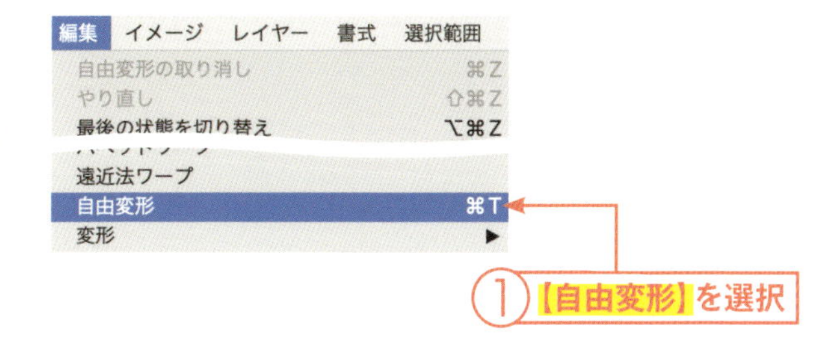

2 大きさを変更

バウンディングボックスをドラッグして②、写真を拡大します。enterキーを押すと、サイズ変更が適用されます。

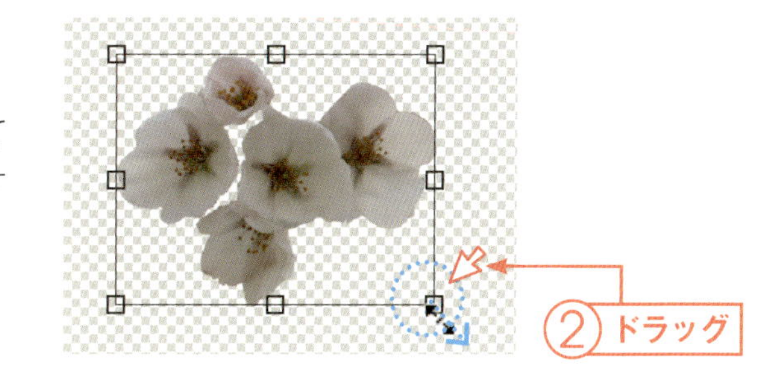

写真の位置を変更する

「移動ツール」を使って、写真の位置を変更します。詳しくは48ページを参照してください。

1 【移動ツール】を選択

ツールパネルから【移動ツール】①を選択します。

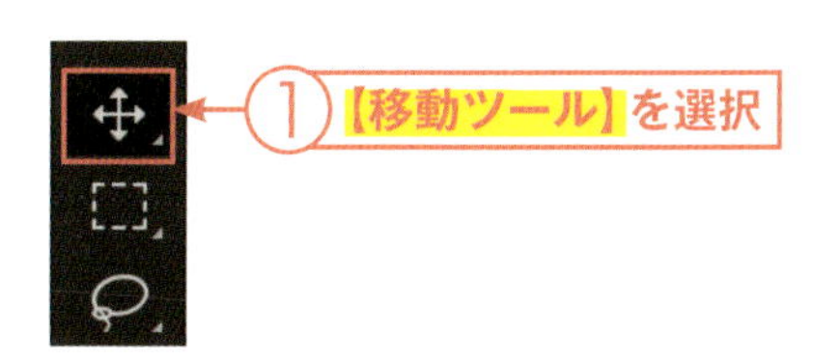

2 位置を調整

写真をドラッグして、位置を調整します②。

その他の写真も、向きや大きさ、位置を調整しながら配置していきましょう。

11-6

Sample_11.psd　Photo_chapter11a.jpg~chapter11f.png

重ね順を調整してレイヤーをまとめる

レイヤーの整理

ここまでは編集しやすいよう、パーツごとにレイヤーが分かれていました。しかしレイヤーが多いと管理がしにくいため、ここからはレイヤーの重なりを確認しながら、レイヤーを結合していきます。

写真の重ね順を設定する

レイヤーパネル上では、上にあるレイヤーほど前面に表示されます。そのため、レイヤーをドラッグして、重ねたい順番の通りに並べます。詳しくは46ページを参照してください。

1 レイヤーを選択

最前面に表示するレイヤーを選択します①。

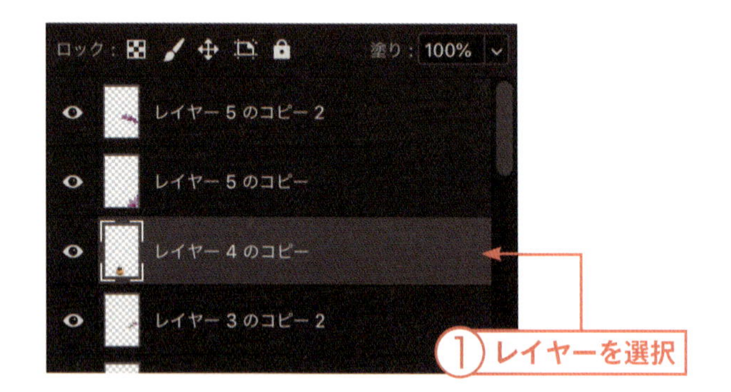

2 レイヤーを移動

ドラッグ&ドロップで、一番上に移動します②。

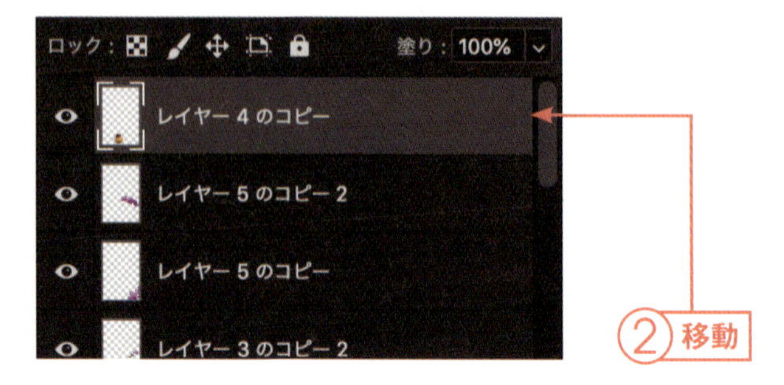

3 レイヤーを移動

その他のレイヤーも重なり方を確認しながら移動していきます③。

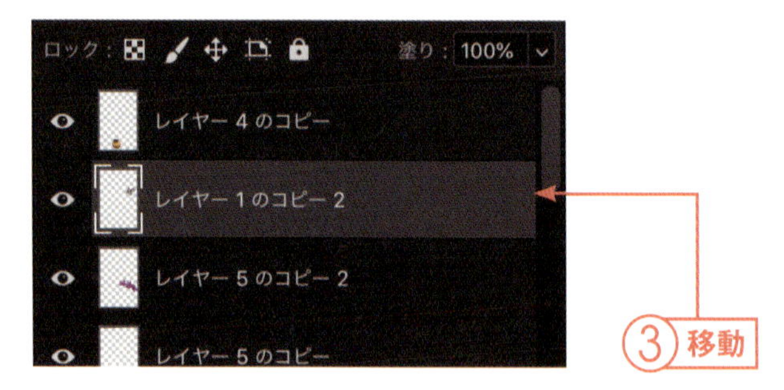

レイヤーを結合する

重ね順が整ったら、複数のレイヤーを結合してひとつにまとめます。ここでは、人物の写真の前面に表示されるレイヤーと、背面に表示されるレイヤーをそれぞれひとつにまとめます。詳しくは50ページを参照してください。

1 レイヤーを選択

ひとつにまとめるレイヤーを選択します①。ここでは、人物の写真の前面に表示されるレイヤーをまとめています。

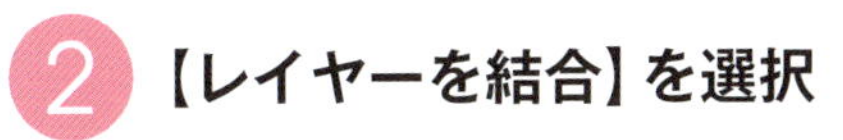
shiftキーを押しながらクリックすることで、複数のレイヤーを同時に選択することができます。

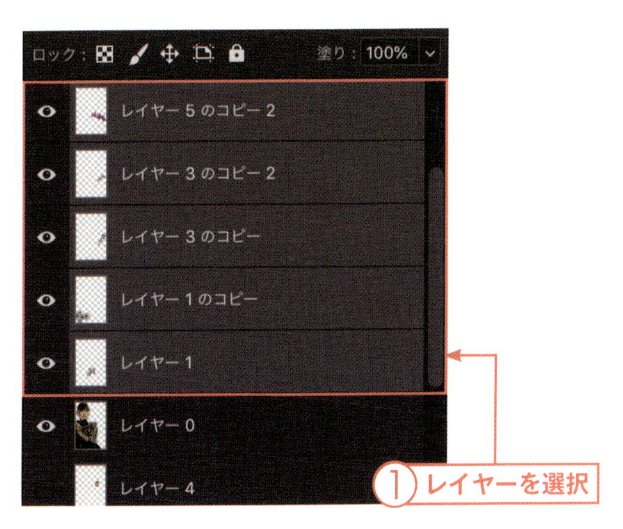

2 【レイヤーを結合】を選択

メニューバーから【レイヤー】→【レイヤーを結合】②を選択します。

人物の写真の背面に表示されるレイヤーも同様に結合します。

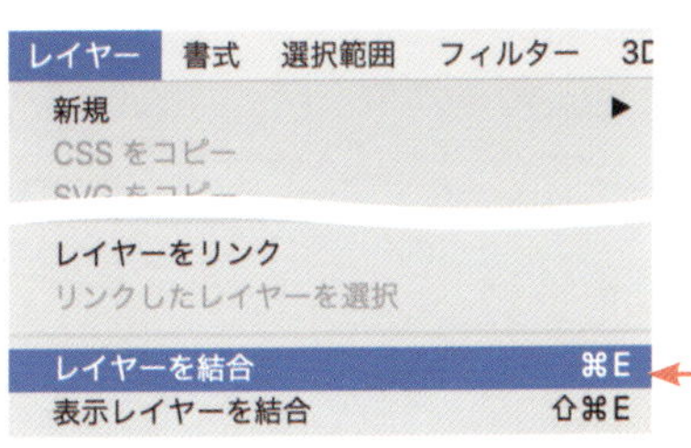

3 完成

レイヤーが結合されました。

11-7

Sample_11.psd　Photo_chapter11a.jpg~chapter11f.png

文字を入力してフォントや色を設定する

文字の入力

画像の調整が終わったら、文字を入れて、全体の大きさや背景色を調整しましょう。文字を入れるには、文字ツールを使います。メッセージなどを入力したら、文字の大きさや色を調整しましょう。

1 【横書き文字ツール】を選択

ツールパネルから【横書き文字ツール】①を選択します。

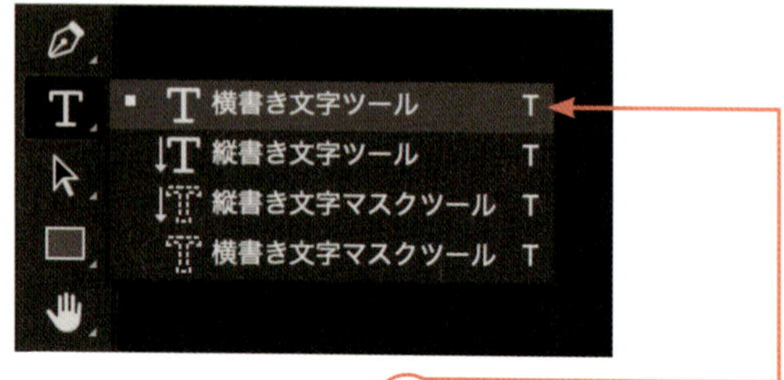

①【横書き文字ツール】を選択

2 文字を入力

画像をクリックして、文字を入力します②。

ここでは、確認しやすいようにコラージュした写真を一時的に非表示にしてあります。

②文字を入力

3 文字レイヤーを選択

「レイヤー」パネルで、追加された文字のレイヤー③を選択します。

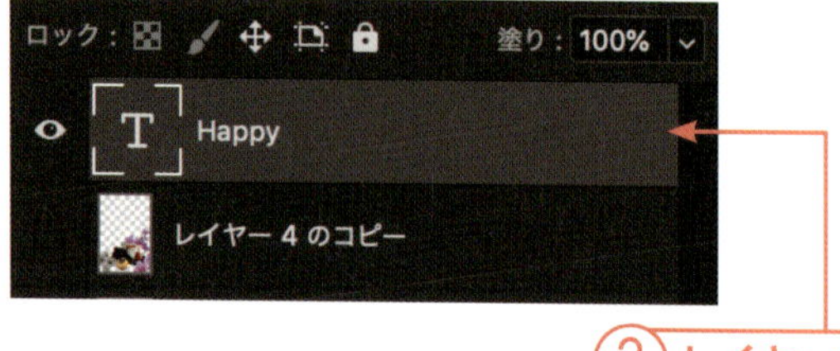

③レイヤーを選択

4 「属性」パネルを表示

メニューバーから【ウィンドウ】→【属性】④を選択します。

④【属性】を選択

5 書式を設定

「属性」パネルでフォントや色、大きさを指定します。入力した文字を選択した状態で、フォント⑤、サイズ⑥、カラー⑦を設定します。

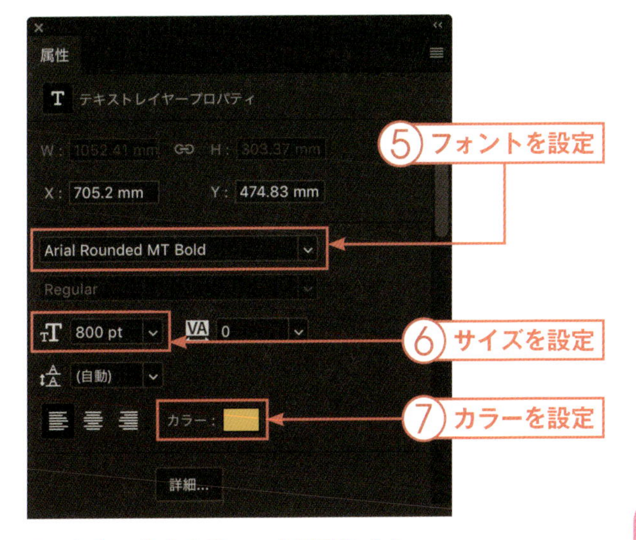

フォント：Arial Round MT Bold
サイズ　：800pt
カラー　：RGB（247、185、51）

6 位置を調整

文字の位置を調整します。ツールパネルで【移動ツール】⑧を選択して、ドラッグで位置を調整します⑨。

> 文字が一番手前にくるように、レイヤーの重なりを調整してください。

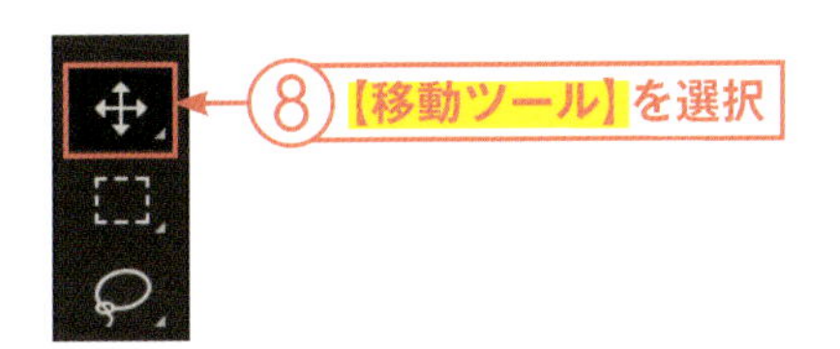

▸11-8

Sample_11.psd　Photo_chapter11a.jpg~chapter11f.png

背景用のレイヤーを追加して塗りつぶす

塗りつぶし

あとは最後の仕上げを行います。このままでは背景が寂しいので、背景に色を入れましょう。背景に色を入れるには、全てのレイヤーの後ろに背景用のレイヤーを追加して、指定した色で塗りつぶします。

1 レイヤーを追加

メニューバーから【レイヤー】→【新規】→【レイヤー】①を選択します。レイヤー名②を入力して【OK】③をクリックすると、レイヤーが追加されます。

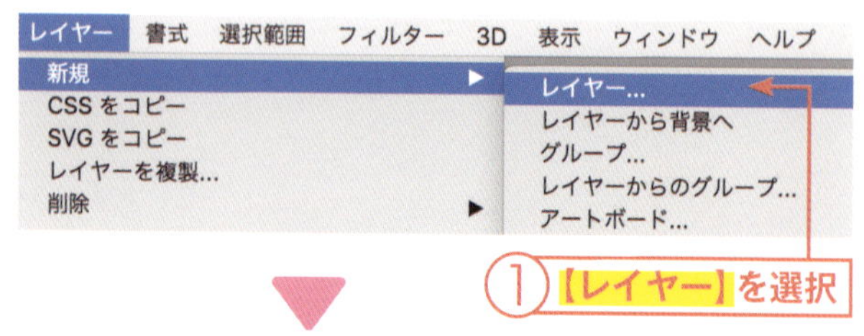

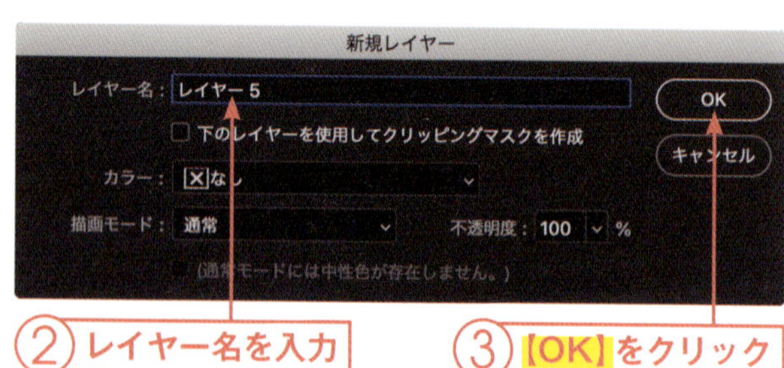

2 レイヤーを移動

「レイヤー」パネル上で、追加されたレイヤーをドラッグ&ドロップで一番下に移動します④。

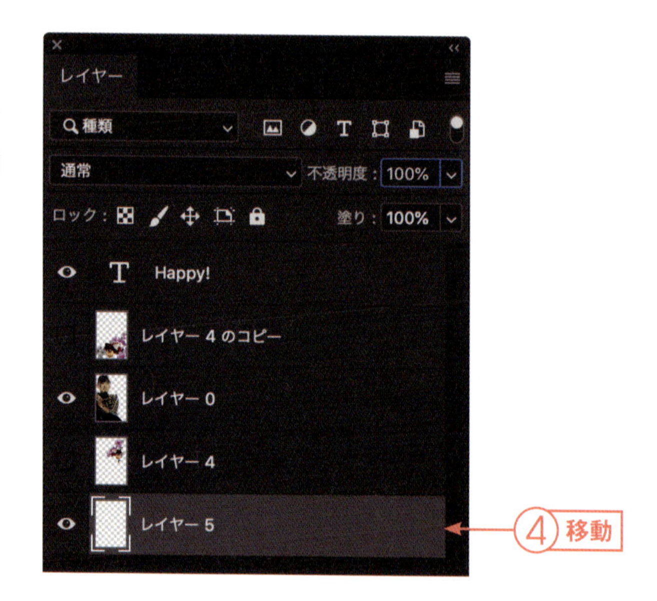

3 【描画色を設定】を選択

ツールパネルで【描画色を設定】⑤を選択します。

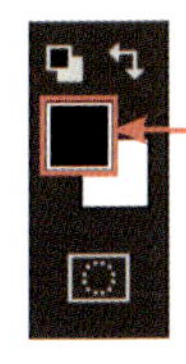

4 色を指定

「カラーピッカー」で色を指定します。左側の四角で色が表示された部分⑥をクリックして色を選択したら、【OK】⑦をクリックします。

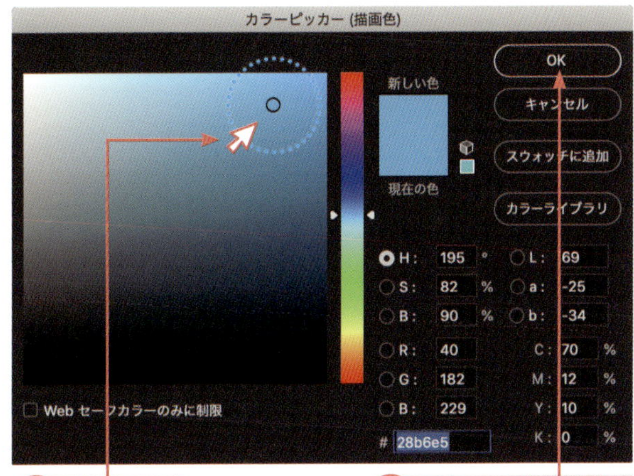

5 背景を塗りつぶす

ツールパネルで【塗りつぶしツール】を選択した状態で背景部分をクリックすると⑧、設定した色で塗りつぶされます。

塗りつぶしは、「レイヤー」パネルで背景用のレイヤーを選択した状態で行ってください。

Point 保存はこまめにしておこう

コラージュは、場合によっては時間のかかる作業です。作業途中でこまめに保存し、データを最新のものにしておきましょう。

また、作業途中で別名保存を行うこともできます。作業段階ごとにバックアップを取っておくと、万一失敗した場合でも、途中から再挑戦しやすいでしょう。

11-9

Sample_11.psd　Photo_chapter11a.jpg~chapter11f.png

カンバスサイズをポストカードに合わせる

カンバスサイズ

最後にカンバス(画像)のサイズをポストカードに合わせます。カンバスサイズをポストカードの大きさに変更し、画像をそのサイズに合わせるとやりやすいでしょう。画像が小さい場合は拡大、大きい場合は縮小してサイズを合わせます。

1 【カンバスサイズ】を選択

メニューバーから【イメージ】→【カンバスサイズ】①を選択します。

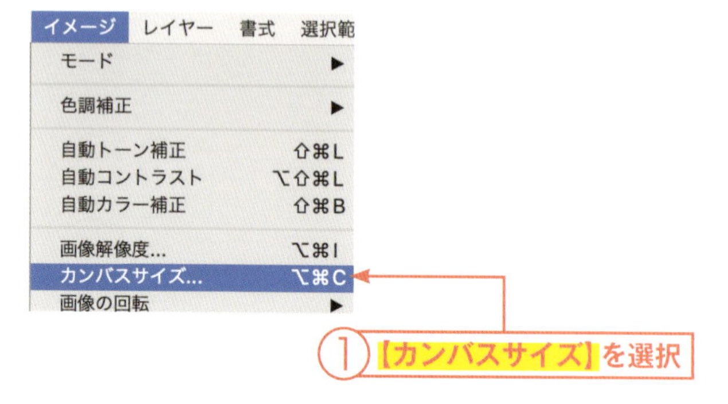

2 サイズを設定

サイズを設定します②。単位を「mm」に設定し、【幅】を「100」、【高さ】を「148」に設定します。設定できたら【OK】③をクリックします。

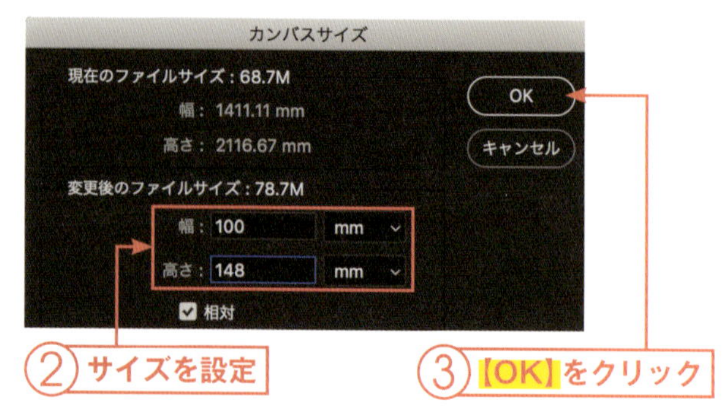

3 サイズを変更

カンバスサイズが変更され、画像の周囲に余白ができます。画像を大きくして余白を埋めていきましょう。

4 完成

「レイヤー」パネルで大きさを調整するレイヤーを選択し、「自由変形」(120ページ)や「移動ツール」(48ページ)を使って大きさや位置を調整します。全てのレイヤーを調整したら完成です。

■ 作業を過去に戻す「ヒストリー」

ヒストリーは、作業内容を記録したものです。もし作業途中で過去の段階に戻したくなった場合、ヒストリーから戻りたい場所を選ぶことでそこまで戻すことができます。

ヒストリーは、メニューバーから【ウィンドウ】→【ヒストリー】①を選択して、「ヒストリー」パネルを表示します。パネルには、ここまでに行った操作のリストが表示されているので、戻る作業を選択しましょう。

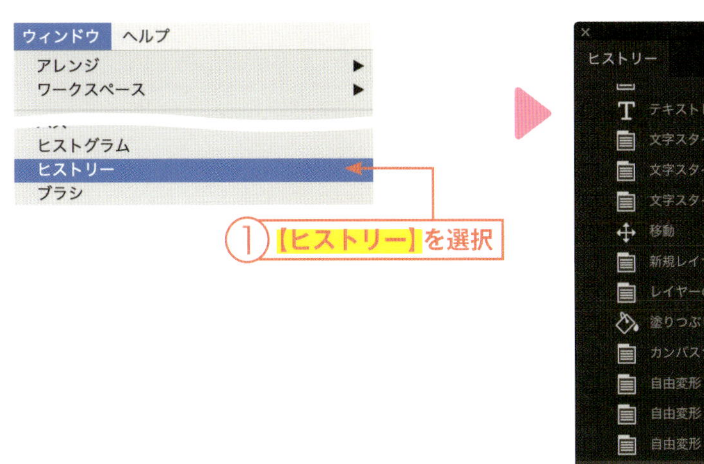

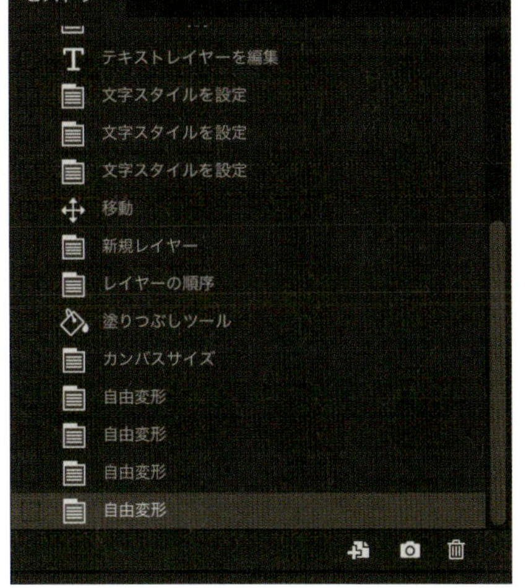

ヒストリーで注意したいのは、ドキュメントを閉じるとヒストリーがリセットされることです。そのため、1回閉じてから開いても、閉じる前の段階に戻すことはできません。あくまで開いてからの履歴しか残らないため、保存の際は注意しましょう。

Appendix

キーボードで操作する「ショートカット」

メニューバーで選択できる機能には、キーボードから一定のキーを入力することで使用できる「ショートカットキー」が設定されているものがあります。ショートカット—キーを覚えておくと、効率の良い作業ができるでしょう。なお、以下の一覧で、Macは赤色、Windowsは青色でショートカットキーを示しています。

	Mac	Win
新規	command + N	ctrl + N
開く	command + O	ctrl + O
閉じる	command + W	ctrl + W
保存	command + S	ctrl + S
別名で保存	shift + command + S	shift + ctrl + S
複製を保存	option + command + S	alt + ctrl + S
プリント	command + P	ctrl + P
終了	command + Q	ctrl + Q
取り消し	command + Z	ctrl + Z
やり直し	shift + command + Z	shift + ctrl + Z
最後の状態を切り替え	option + command + Z	alt + ctrl + Z
カット	command + X	ctrl + X
コピー	command + C	ctrl + C
ペースト	command + V	ctrl + V
塗りつぶし	shift + F5	shift + F5
自由変形	command + T	ctrl + T
新規レイヤー	shift + command + N	shift + ctrl + N
レイヤーの重ね順・最前面へ	shift + command +]	shift + ctrl +]
レイヤーの重ね順・前面へ	command +]	ctrl +]
レイヤーの重ね順・背面へ	command + [	ctrl + [
レイヤーの重ね順・最背面へ	shift + command + [	shift + ctrl + [
レイヤーのロック	command + /	ctrl + /
下のレイヤーと結合	command + E	ctrl + E
表示レイヤーを統合	shift + command + E	shift + ctrl + E
すべてを選択	command + A	ctrl + A
選択を解除	command + D	ctrl + D
再選択	shift + command + D	shift + ctrl + D
選択範囲を反転	shift + command + I	shift + ctrl + I
すべてのレイヤーを選択	option + command + A	alt + ctrl + A
ズームイン	command + +	ctrl + +
ズームアウト	command + −	ctrl + −
画面サイズに合わせる	command + 0	ctrl + 0
100%表示	command + 1	ctrl + 1
ブラシ設定を表示	F5	F5
カラーパネルを表示	F6	F6
レイヤーパネルを表示	F7	F7

Index

■著者プロフィール

齋藤香織

一葉（かずは）というペンネームで活動する、フリーのイラストレーター・デザイナー・編集ライター。福島県出身・在住。
オーダーアート、チラシ、ポスター、Tシャツ、Web素材などのイラスト・デザインを手掛け、国内外の展示会にも多数参加。
また「みんなの塗り絵でデザイン」や「丸で描けるイラスト教室」の開催など、子供たちにデザインやイラストの楽しさを教える活動も行っている。

http://monochroner.com/

■本書サポートページ

https://isbn.sbcr.jp/97260/
本書をお読みいただいたご感想、ご意見を上記URLよりお寄せください。

Photoshopはじめての教科書

2018年12月3日　初版第1刷発行

著者　齋藤香織

発行者　小川 淳
発行所　SBクリエイティブ株式会社
〒106-0032　東京都港区六本木2-4-5
TEL 03-5549-1201（営業）
https://www.sbcr.jp

印刷　株式会社シナノ
本文デザイン/組版　株式会社エストール
装丁　西垂水敦・遠藤瞳（krran）
編集協力　株式会社YOSCA

落丁本、乱丁本は小社営業部にてお取り替えいたします。
定価はカバーに記載されております。

Printed In Japan　ISBN978-4-7973-9726-0